国家示范性高职高专规划教材·机械基础系列

机械制图与识图学习指导与训练

宋金虎　主编
白西平　主审

清 华 大 学 出 版 社
北京交通大学出版社
·北京·

内容简介

本《机械制图与识图学习指导与训练》为机械制图的配套教材,与宋金虎主编的《机械制图与识图》教材配套使用。本书内容包括"平面图形的绘制""点、直线、平面投影的绘制""立体投影及其表面交线的绘制""组合体视图的绘制与识读""轴测投影图的绘制""机件表达方法的应用""标准件和常用件的绘制""零件图的绘制与识读""装配图的绘制与识读",共9个项目。每个项目开始部分安排有"知识目标"和"能力目标",按照"基本知识""技能训练"的顺序编写。全书采用了我国最新颁布的《技术制图》与《机械制图》国家标准及与制图有关的其他国家标准。

本书是根据教育部制定的《高职高专教育工程制图课程教学基本要求(机械类专业适用)》,汲取近几年职业教育机械制图课程教学改革的成功经验编写而成的。以培养学生阅读和绘制工程图样为目的,从工科学生就业岗位的实际出发,力求突出高职高专教育特色,全面提升学生的识图制图能力。

本书既可作为高等职业技术院校机械类和近机类各专业的教材,又可作为其他专业及相关专业岗位培训教材,还可供从事机械工程的科技人员参考。

本书封面贴有清华大学出版社防伪标签,无标签者不得销售。
版权所有,侵权必究。侵权举报电话:010-62782989 13501256678 13801310933

图书在版编目(CIP)数据

机械制图与识图学习指导与训练/宋金虎主编. —北京:北京交通大学出版社:清华大学出版社,2015.7
(国家示范性高职高专规划教材·机械基础系列)
ISBN 978-7-5121-2316-8

Ⅰ.① 机… Ⅱ.① 宋… Ⅲ.① 机械制图-高等职业教育-教学参考资料 ② 机械图-识别-高等职业教育-教学参考资料 Ⅳ.① TH126

中国版本图书馆 CIP 数据核字(2015)第 158026 号

策划编辑:韩素华
责任编辑:郭碧云
出版发行:清 华 大 学 出 版 社　　邮编:100084　电话:010-62776969
　　　　　北京交通大学出版社　　　邮编:100044　电话:010-51686414
印 刷 者:北京艺堂印刷有限公司
经　　销:全国新华书店
开　　本:260×185　　印张:13.25　　字数:172 千字
版　　次:2015 年 7 月第 1 版　　2015 年 7 月第 1 次印刷
书　　号:ISBN 978-7-5121-2316-8/TH·66
印　　数:1~3 000 册　　定价:29.00 元

本书如有质量问题,请向北京交通大学出版社质监组反映。对您的意见和批评,我们表示欢迎和感谢。
投诉电话:010-51686043,51686008;传真:010-62225406;E-mail:press@bjtu.edu.cn。

前 言

本《机械制图与识图学习指导与训练》为机械制图的配套教材，与宋金虎主编的《机械制图与识图》教材配套使用。本书是根据教育部制定的《高职高专教育工程制图课程教学基本要求（机械类专业适用）》，汲取近几年职业教育机械制图课程教学改革的成功经验编写而成的。

本书内容包括"平面图形的绘制""点、直线、平面投影的绘制""立体投影及其表面交线的绘制""组合体视图的绘制与识读""轴测投影图的绘制""机件表达方法的应用""标准件和常用件的绘制""零件图的绘制与识读""装配图的绘制与识读"，共9个项目。每个项目开始部分安排有"知识目标"和"能力目标"，按照"基本知识""技能训练"的顺序编写。全书采用了我国最新颁布的《技术制图》与《机械制图》国家标准及与制图有关的其他国家标准。

在编写本教材时，我们从职业教育的实际出发，以培养学生阅读和绘制工程图样为目的，从工科学生就业岗位的实际出发，力求突出高职高专教育特色，全面提升学生的识图制图能力。

本书既可作为高等职业技术院校机械类和近机类各专业的教材，又可作为其他专业及相关专业岗位培训教材，还可供从事机械工程的科技人员参考。

本书由山东交通职业学院宋金虎担任主编，并负责全书的统稿、定稿。项目一由孙丽萍编写，项目二由赵立燕编写，项目三由侯文志编写，项目四由赵建波编写，项目五由卢洪德编写，项目六、项目七、项目八、项目九由宋金虎编写。全书由白西平主审，她仔细地审阅了全稿，并提出了许多宝贵的修改意见，在此表示衷心感谢。

本书编写过程中参考了许多文献资料，编者谨向这些文献资料的编著者和支持编写工作的单位和个人表示衷心的感谢。由于编者水平有限，编写中难免有谬误和欠妥之处，恳切希望使用本书的广大师生与读者批评指正，以求改进。

编　者
2015 年 5 月

目　　录

项目一　平面图形的绘制 …………………………………………………………………（1）
项目二　点、直线、平面投影的绘制 ……………………………………………………（16）
项目三　立体投影及其表面交线的绘制 …………………………………………………（26）
项目四　组合体视图的绘制与识读 ………………………………………………………（33）
项目五　轴测投影图的绘制 ………………………………………………………………（38）
项目六　机件表达方法的应用 ……………………………………………………………（43）
项目七　标准件和常用件的绘制 …………………………………………………………（58）
项目八　零件图的绘制与识读 ……………………………………………………………（70）
项目九　装配图的绘制与识读 ……………………………………………………………（78）

项目一 平面图形的绘制

【知识目标】
1. 掌握国家标准对图纸、字体、比例、图线和尺寸标注的规定；
2. 熟悉机械制图常用工具的使用，如铅笔、图板、丁字尺、三角板等；
3. 掌握等分线段、等分圆周、斜度、锥度、光滑连接两曲线等的作图方法；
4. 掌握平面图形的分析过程、绘图步骤和尺寸注法。

【能力目标】
1. 能正确使用一般的绘图工具和仪器；
2. 能根据国家标准的有关规定正确绘制简单平面图形。

一、基本知识

1. 图纸的基本幅面有_____、_____、_____、_____、_____5 种。
2. 在图纸上必须用_____画出图框，标题栏一般应位于图纸的_____方位。
3. 绘制技术图样需要加长幅面时，应按基本幅面的短边整数倍增加。
4. 比例是指_____与_____线性尺寸之比。比例分为 3 种，分别是_____、_____、_____。
5. 同一机件如用不同的比例画出其图形大小变化，但图上标注的尺寸数值_____。
6. 比例标注为 2∶1 时，是_____（填放大、缩小或原值）比例。
7. 机件的真实大小应以图样上（   ）为依据，与图形的大小及绘图的准确度无关。
   A. 所注尺寸数值   B. 所画图样形状   C. 所注绘图比例   D. 所加文字说明
8. 图样上汉字的大小按字号规定，字体的号数代表字体的_____。
9. 图纸中斜体字字头_____倾斜，与水平基准线成_____角。

班级_____姓名_____

10. 图纸上汉字应写成_____，并应采用国家正式公布推行的简化字。
11. 目前，在（　　）中仍采用 GB/T 4457.4—2002 中规定的 8 种线型。
    A. 机械图样　　B. 所有图样　　C. 技术制图　　D. 建筑制图
12. 图样中，机件的可见轮廓线用_____画出，不可见轮廓线用_____画出，尺寸线和尺寸界线用_____画出，对称中心线和轴线用_____画出。
13. 点画线与虚线相交时，应使（　　）相交。
    A. 线段与线段　　B. 间隙与间隙　　C. 线段与间隙　　D. 间隙与线段
14. 点画线与点画线或与其他图线交接时应是_____交接。
15. 尺寸由_____、_____、_____组成。
16. 角度的尺寸线应以_____表示，数字应_____书写。
17. 尺寸标注半径数字前应加半径符号_____，标注圆的尺寸直径前加_____。
18. 当标注（　　）尺寸时，尺寸线必须与所注的线段平行。
    A. 角度　　B. 线型　　C. 直径　　D. 半径
19. 机件的真实大小以图样上所标注的尺寸数值为依据，与_____及_____无关。
20. 图样中的尺寸标注中，尺寸数字应是（　　）。
    A. 3600　　B. 3600 mm　　C. 3.6 m　　D. 360 cm
21. 圆规使用铅芯的硬度规格要比画直线的铅芯软一级。
22. 一副三角板包括 45°、45°和 30°、60°各一块，可以画与水平线成_____度倍数的角度线。
23. 斜度是指一直线（或平面）相对于另一直线（或平面）的倾斜程度，其大小用该两直线（或两平面）间夹角的正切值来表示，通常图样中把比值化成 1∶n 的形式。
24. 锥度是指正圆锥体底圆直径与锥高之比。如果是圆锥台，则为上、下底圆直径之差与圆锥台高度之比。通常图样中把比值化成 1∶n 的形式。
25. 斜度（或锥度）标注时，符号的方向应与斜度（或锥度）的方向一致。
26. 锥度的标注包括指引线、（　　）、锥度值。
    A. 锥度　　B. 符号　　C. 锥度符号　　D. 字母
27. 直线与圆弧间用圆弧连接的关键是确定（　　）。
    A. 直线　　B. 半径　　C. 圆心　　D. 直径

28. 平面图形上的尺寸，按作用可分为_____、_____。
29. 尺寸的作用不是固定不变的，有时一个尺寸可以兼有_____和_____两种作用。
30. 定位尺寸起始位置的点或线称为_____。
31. 平面图形中的线段按所给尺寸的多少可分为_____、_____及_____3种。
32. 在画平面图形时，应先画_____线段，再画_____线段，最后画_____线段。

班级_____姓名_____

二、技能训练

1. 在指定位置按示范图线抄画下列各种图线

（1）

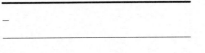

（2）

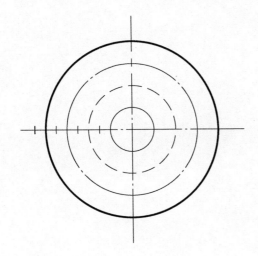

2. 在右边画出与左边对应的图线

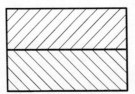
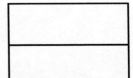

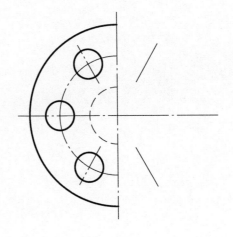

班级_____ 姓名_____

3. 画箭头填写线性尺寸数字

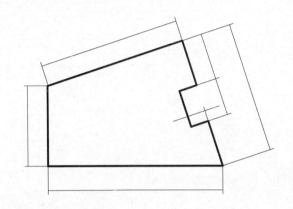

4. 画箭头填写角度尺寸数字

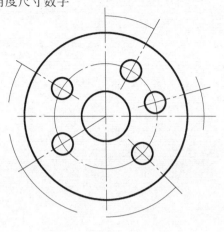

5. 标注圆或圆弧的尺寸

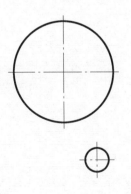
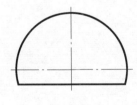
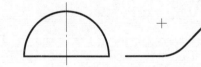

R100

6.尺寸注法（找出图中尺寸标注的错误，并在相应的图上正确标注）

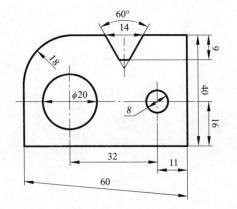
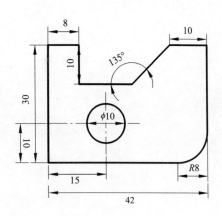
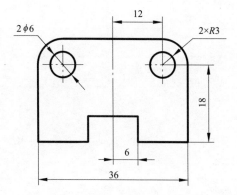
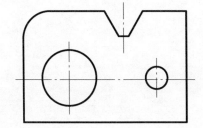
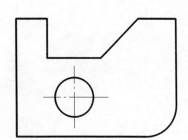
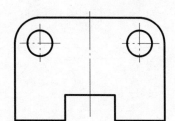

作业1 线型

一、目的

1. 熟悉图纸幅面的大小,掌握图框及标题栏的画法。
2. 熟悉主要线型的形式、规格及其画法。
3. 学会长仿宋体字、数字、字母的正确书写方法。
4. 掌握与本次作业有关的几何作图方法。
5. 掌握尺寸界线、尺寸线、箭头的画法及尺寸数字的注写规则,学会常用尺寸的标注方法。
6. 基本掌握常用绘图工具的使用方法及绘图仪器的操作方法和技能。

二、内容和要求

1. 绘制图框和标题栏,并按示范图例绘制各种图线。
2. 用A4图纸,竖放,不标注尺寸,比例1:1。

三、绘图步骤

1. 画图框。
2. 在右下角画标题栏。
3. 按图例所注尺寸作图。
4. 校对底稿,擦去多余图线。

四、注意点

1. 粗实线的宽度建议采用0.7 mm,细线宽0.2～0.3 mm。
2. 尺寸数字采用3.5号字,箭头宽约0.7 mm,长3～4 mm。
3. 各种图线的相交画法应符合要求。
4. 填写标题栏。图名:线型练习;图号:01.01;在相应栏内填写:姓名、班级、学号、比例、日期等内容。

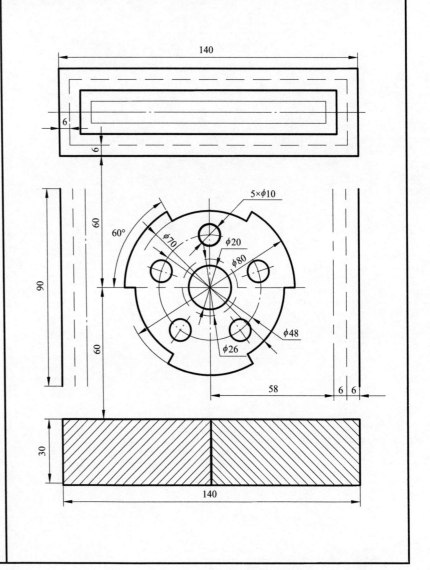

班级_____ 姓名_____

7.几何作图（用给定的尺寸按1:1比例绘制图形）

(1) $6\times\phi8$, $\phi16$, $\phi34$, $\phi52$

(2) 8, $\phi24$, $\phi52$

(3) $R36$, $R16$, O_1, O_2

(4) $R4$, O_1, O_2

班级_____ 姓名_____

(5)

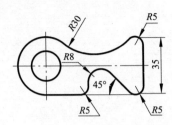

(6)

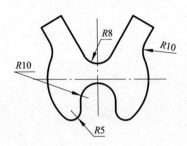

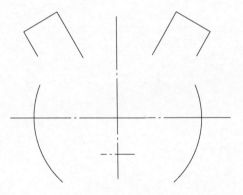

班级_____姓名_____

8. 斜度与锥度作图（用给定的尺寸按1∶1比例绘制图形）

（1）按1∶1抄画并标注斜度

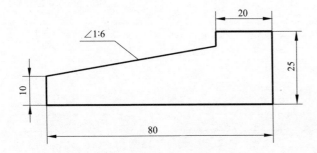

（2）按1∶1抄画并标注锥度

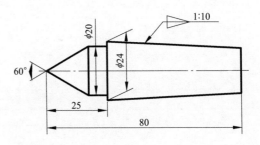

班级_____ 姓名_____

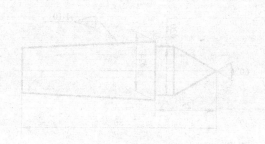

9. 平面图形分析

（1）指出下列两个图形横竖两个方向的尺寸基准，哪些尺寸是定形尺寸，哪些尺寸是定位尺寸。

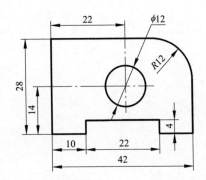

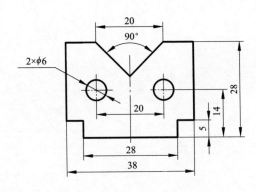

（2）指出图中的尺寸基准及定形、定位尺寸，确定线段性质，拟出作图顺序，并在空白处按图中注出的尺寸作出图形。

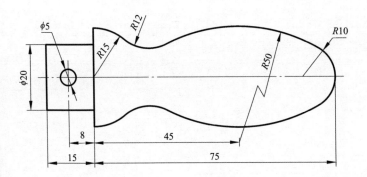

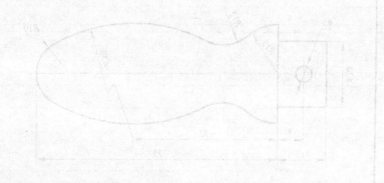
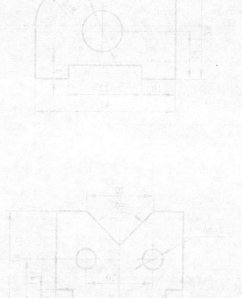

作业2 平面图形

一、目的

1. 熟悉平面图形的绘制步骤和尺寸标注。
2. 掌握线段连接方法及技巧。

二、内容及要求

1. 按教师指定的题号绘制平面图形，并标注尺寸。
2. 用A4图纸，自定绘图比例。

三、作图步骤

1. 分析图形：看懂图形的构成，分析图形中的尺寸和线段，确定作图步骤。
2. 画底稿：
   （1）画图框和标题栏；
   （2）画作图基准线；
   （3）按已知线段、中间线段、连接线段的顺序，画出图形；
   （4）画尺寸界线、尺寸线。
3. 检查底稿，擦去多余线条。
4. 描深图形。
5. 画箭头，注写尺寸数字，填写标题栏。
6. 校对，修饰图面。

四、注意点

1. 布图时应留足标注尺寸的位置，使图形布置匀称。
2. 画底稿上的连接线段时，应准确找出圆心和切点。
3. 描深时，同类线型同时描深，使其粗细一致，连接光滑。
4. 箭头应符合规定，尺寸注法应正确、完整。

（1）

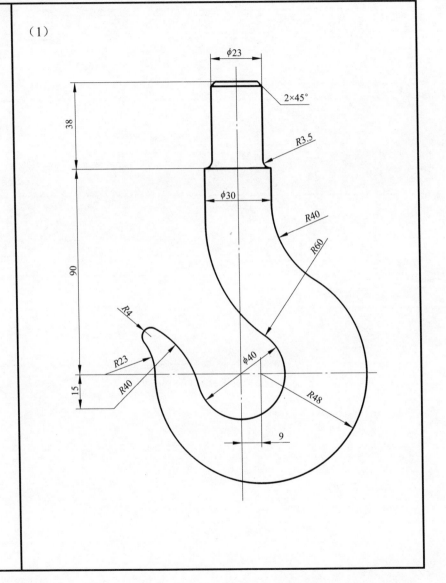

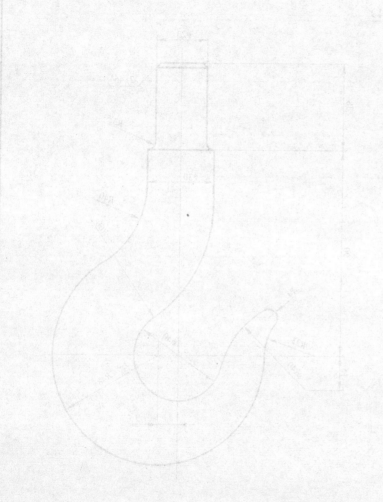

班级_____姓名_____

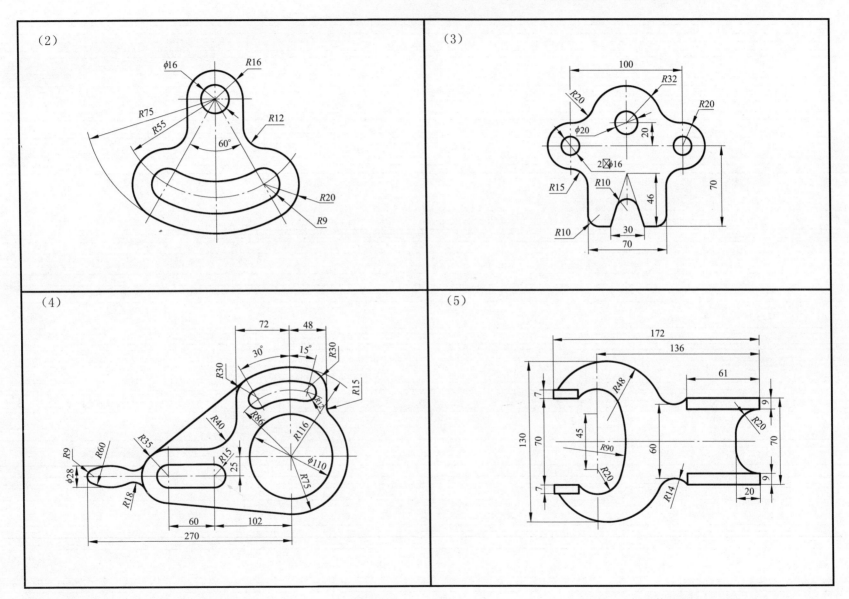

班级_____姓名_____

项目二　点、直线、平面投影的绘制

【知识目标】
1. 理解投影的概念、三投影面体系的建立及三视图的形成过程;
2. 掌握三视图之间的投影关系;
3. 掌握点、直线、平面的投影规律和作图方法。

【能力目标】
1. 能分析形体上点、直线、平面在三投影面体系中的投影特性;
2. 能用正投影的方法正确绘制点、直线、平面的投影。

一、基本知识

1. 投影法是指_____通过物体，向_____的平面进行投射，并在该面上得到图形的方法。
2. 投射线都从投射_____出发的投影法，称为中心投影法。
3. 投射线相互_____的投影法，称为平行投影法。根据投射线与投影面的相对位置，平行投影法又分为：（1）_____；（2）_____。
4. 一般工程图样大都是采用正投影法绘制的_____，根据有关标准和规定，用正投影法所绘制出的物体的图形称为_____。主视图和俯视图都反映物体的_____，主视图和左视图都反映物体的_____，俯视图和左视图都反映物体的_____。三视图之间的投影关系可归纳为：_____。
5. V 面上的投影称为_____投影，记为 a'；H 面上的投影称为_____投影，记为 a；W 面上的投影称为_____投影，记为 a''。
6. 点的三面投影与其坐标间的关系如下：
（1）_____；
（2）_____。

7. 点的任意两个投影反映了点的_____坐标值。
8. 点的三面投影规律为：
（1）_____；
（2）_____；
（3）_____。
9. 根据两点的坐标，可判断空间两点间的相对位置。两点中，x 坐标值_____的在左；y 坐标值_____的在前；z 坐标值_____的在上。
10. 重影点是那些两个坐标值相等，第三个坐标值不等的空间点。
11. 直线的投影可由属于该直线的两点的投影来确定。两点的同面投影连线即为直线段的投影。
12. 根据直线在投影体系中对三个投影面所处的位置不同，可将直线分为_____直线、投影面_____线和投影面_____三类。其中，后两类统称为特殊位置直线。
13. 投影面平行线中，与正面平行的直线称为_____线，与水平面平行的直线称为_____线，与侧面平行的直线称为_____线。
14. 投影面平行线的投影特点如下：
（1）在所平行的投影面上的投影反映_____，它与投影轴的夹角分别反映直线对另两投影面的_____；
（2）在另两投影面上的投影，分别平行于相应的投影轴，且长度缩短。
15. 投影面垂直线中，与正面垂直的直线称为_____线，与水平面垂直的直线称为_____线，与侧面垂直的直线称为_____线。
16. 投影面垂直线的投影特性如下：
（1）在与直线垂直的投影面上的投影_____；
（2）在另外两个投影面上的投影平行于相应的投影轴，且均反映实长（实形性）。
17. 由于一般位置直线同时倾斜于三个投影面，有如下投影特点：
（1）直线的三面投影都倾斜于投影轴，它们与投影轴的夹角均不反映直线对投影面的倾角；
（2）直线的三面投影的长度都短于实长，其投影长度与直线对各投影面的倾角有关。
18. 点与直线的从属关系有点_____和_____两种情况。
19. 点从属于直线
（1）点从属于直线，则点的各面投影必从属于直线的同面投影。反之，在投影图中，如点的各个投影从属于直线的同面投影，则该点必定从属于此直线。
（2）从属于直线的点分割线段之长度比等于其投影分割线段投影长度之比。
20. 点不从属于直线

班级_____姓名_____

若点不从属于直线，则点的投影不具备上述性质。

21. 两直线的相对位置有3种情况：_____、_____、_____。

（1）两直线相交

两直线相交，其交点同属于两直线，为两直线所共有。两直线相交，同面投影_____。其同面投影的交点，即为两直线交点的投影。

（2）两直线平行

两直线平行，其同面投影必定_____。

（3）两直线交叉

若交叉两直线的投影中，有某投影相交，这个投影的交点是同处于一条投射线上且分别从属于两直线的两个点，即_____的投影。

22. 空间两直线成直角（相交或交叉），若两边都与某一投影面倾斜，则在该投影面上的投影_____；若一边平行于某一投影面，则在该投影面上的投影仍是_____。

23. 平面的表示法

（1）_____；

（2）_____。

24. 各种位置平面的投影

根据平面在三面投影体系中对三个投影面所处位置的不同，可将平面分为_____平面、投影面_____和_____平行面三类。其中，后两类平面统称为特殊位置平面。

（1）一般位置平面

一般位置平面的投影特性如下：三个投影是_____的平面图形。

（2）投影面垂直面

投影面垂直面的投影特性如下：

① 在所垂直的投影面上的投影，_____，它与投影轴的夹角，分别反映该平面对另两投影面的_____；

② 在另外两个投影面上的投影为_____的原形的类似形。

（3）投影面平行面

投影面平行面的投影特性如下：

① 在所平行的投影面上的投影_____；

② 在另外两个投影面上的投影分别_____。

25. 平面内的点和直线

（1）平面内的点和直线的判断条件

点和直线在平面内的几何条件是：

① 点从属于平面内的任一直线，则点_____该平面；

② 若直线通过属于平面的_____点，或通过平面内的一个点，且_____于属于该平面的任一直线，则直线属于该平面。

（2）平面上的投影面平行线

从属于平面的投影面平行线，应该满足两个条件：其一，该直线的投影应满足投影面平行线的投影特点；其二，该直线应满足直线从属于平面的几何条件。

班级_____姓名_____

二、技能训练

1. 按立体图作各个点的两面投影

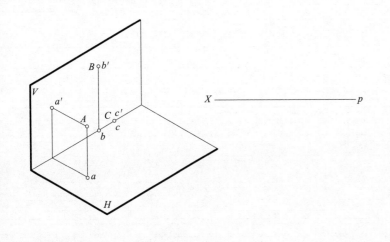

2. 已知点A在V面之前36，点B在H面之上10，点C在V面上，点D在H面上，点E在投影轴上，补全各点的两面投影

3. 按立体图作各点的三面投影

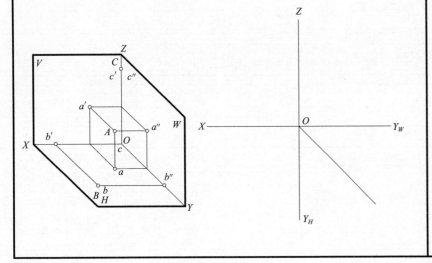

4. 作各点的三面投影：$A(25, 15, 20)$，$B(20, 10, 15)$，点C在点A之左10，点A之前15，点A之上12

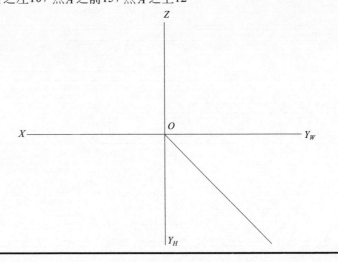

5. 已知点的两面投影，求作它们的第三投影

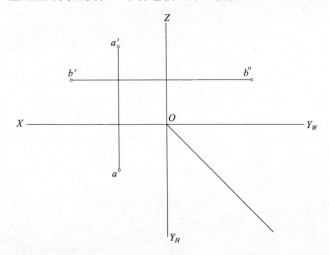

6. 已知点B距离点A为15，点C与点A是V面的重影点，点D在点A的正下方距离点A 20。补全各点的三面投影，并表明可见性

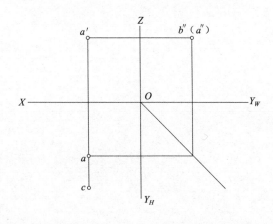

7. 判断下列直线相对投影面的位置

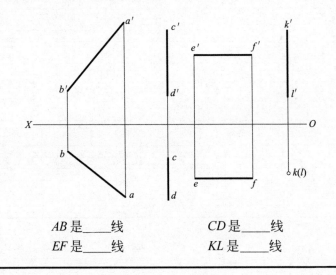

AB是____线　　　　CD是____线
EF是____线　　　　KL是____线

8. 补画直线的第三投影，并判断其相对投影面的位置

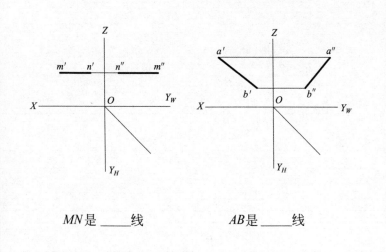

MN是____线　　　　AB是____线

班级_____姓名_____

9. 试判断点K是否在直线AB上，点M是否在直线CD上

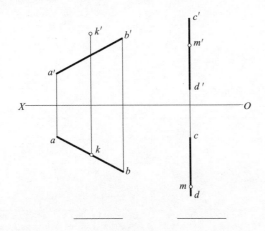

10. 过点M作直线MK与直线AB平行并与直线CD相交

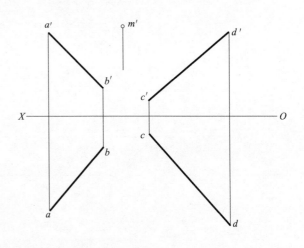

11. 作交叉直线AB、CD的公垂线EF

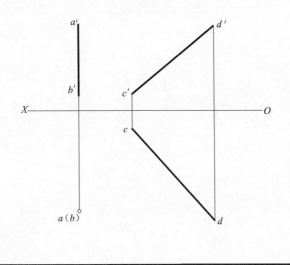

12. 判断并填写两直线的相对位置

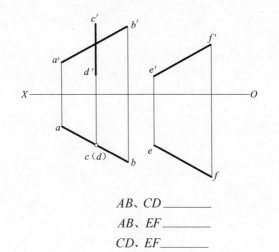

AB、CD _____

AB、EF _____

CD、EF _____

13. 判断点K和直线MS是否在△MNT平面上

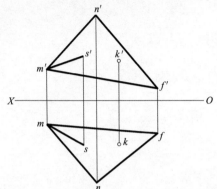

点K_____△MNT平面上
直线MS_____△MNT平面上

14. 判断点A、B、C、D是否在同一平面上

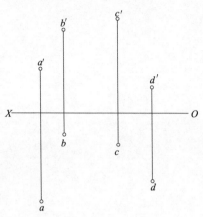

四点_____同一平面上

15. 点D属于平面ABC，求其另一投影

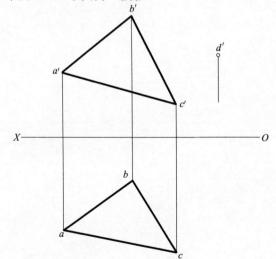

16. 补全平面图形PQRST的两面投影

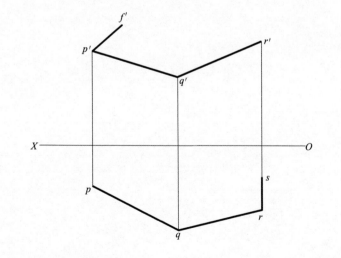

17. 作出 □ABCD 上的 △EFG 的正面投影

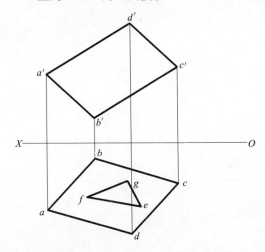

18. 过点 A 作属于平面 △ABC 的水平线

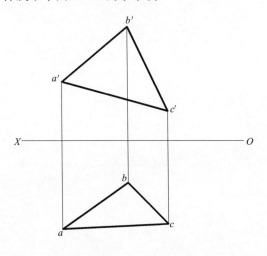

19. 标注 A、B、C 三面在另两视图中的投影，并填空说明它们相对投影面的位置

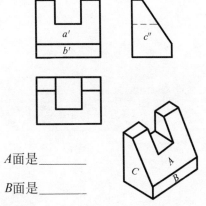

A 面是 _____

B 面是 _____

C 面是 _____

20. 标注 A、B、C 三面在另两视图中的投影，并填空说明它们相对投影面的位置

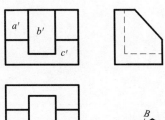

A 面是 _____

B 面是 _____

C 面是 _____

21. 标注A、B、C三面在另两视图中的投影，并填空说明它们相对投影面的位置

 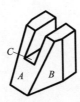

A面是_____

B面是_____

C面是_____

22. 标注A、B、C三面在另两视图中的投影，并填空说明它们相对投影面的位置

A面是_____

B面是_____

C面是_____

23. 标注A、B、C、D四面在另两视图中的投影，并填空说明它们相对投影面的位置

A面是_____

B面是_____

C面是_____

24. 完成轴测图上所标注各直线、平面的各面投影，并填空说明它们相对投影面的位置

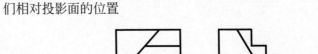

 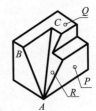

AB为____线，P为____面

AC为____线，Q为____面

BC为____线，R为____面

班级_____ 姓名_____

项目三　立体投影及其表面交线的绘制

【知识目标】
理解和掌握立体的投影和表面取点画法及截交线、相贯线的作图方法。

【能力目标】
1. 能根据基本几何体的形体特征，正确绘制三视图；
2. 能根据视图正确快速识读基本几何体；
3. 能正确识读和绘制基本几何体表面交线的三视图。

一、基本知识

1. 由于正六棱柱的顶面和底面为水平面，所以其水平投影重合为反映实形的_____。
2. 正三棱锥的投影，因为底面为水平面，故其水平投影反映_____，正面投影和侧面投影均为_____。
3. 圆柱体表面由_____和_____组成。
4. 圆锥的底圆平面为_____，其水平投影为_____。
5. 圆球在3个投影面上的投影都是_____。
6. 平面立体的表面是平面图形，因此平面与平面立体的截交线为_____。
7. 当截平面与圆柱的轴线倾斜时，截交线为_____。
8. 因截平面为正平面，与轴线平行，故与圆锥的截交线为_____。
9. 平面在任何位置截切圆球的截交线都是_____。
10. 相贯线是两个曲面立体表面的_____，也是两个曲面立体表面的_____。
11. 求两回转体相贯线比较普遍的方法是辅助平面法。用一辅助平面与两回转体同时相交，辅助平面分别与两回转体相交得两组截交线，这两组截交线的_____为相贯线上的点。
12. 两同轴回转体相交，其相贯线为_____，两轴线平行的圆柱相交，其相贯线为_____，当相交两回转体同时切于一个球面时，其相贯线为_____。

二、技能训练

1. 分析下列三视图，填写各点所在的位置

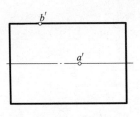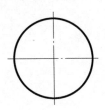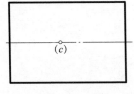

点A在_____素线上；

点B在_____素线上；

点C在_____素线上。

2. 分析下列三视图，填写各点所在的位置

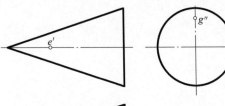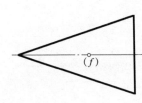

点E在_____素线上；

点F在_____素线上；

点G在_____素线上。

3. 分析下列三视图，填写各点所在的位置

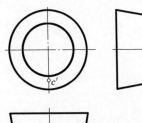

点A在_____素线上；

点B在_____素线上；

点C在_____素线上。

4. 分析下列三视图，填写各点所在的位置

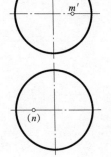

点M在平行_____面的圆素线上；

点N在平行_____面的圆素线上；

点F在平行_____面的圆素线上。

班级_____ 姓名_____

5. 已知回转体表面上点、线的一面投影，求作另两面投影

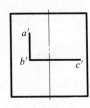

6. 已知回转体表面上点、线的一面投影，求作另两面投影

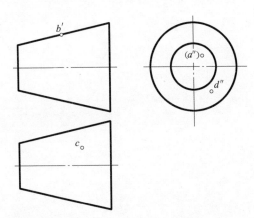

7. 已知回转体表面上点、线的一面投影，求作另两面投影

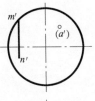

8. 平面体的截交线（求平面体截交线的投影，并完成三视图）

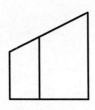

9. 平面体的截交线（求平面体截交线的投影，并完成三视图）

10. 平面体的截交线（求平面体截交线的投影，并完成三视图）

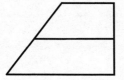

11. 平面体的截交线（求平面体截交线的投影，并完成三视图）

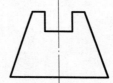

班级_____ 姓名_____

12. 回转体的截交线（求回转体截交线的投影，并完成三视图）

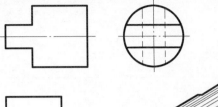

13. 回转体的截交线（求回转体截交线的投影，并完成三视图）

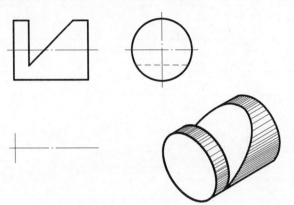

14. 回转体的截交线（求回转体截交线的投影，并完成三视图）

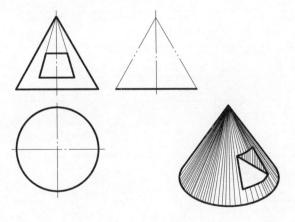

15. 回转体的截交线（求回转体截交线的投影，并完成三视图）

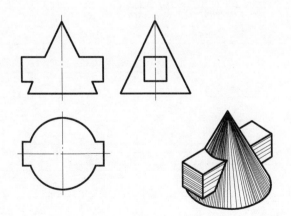

分析下列各平面立体的截交线，并补全平面立体的三面投影

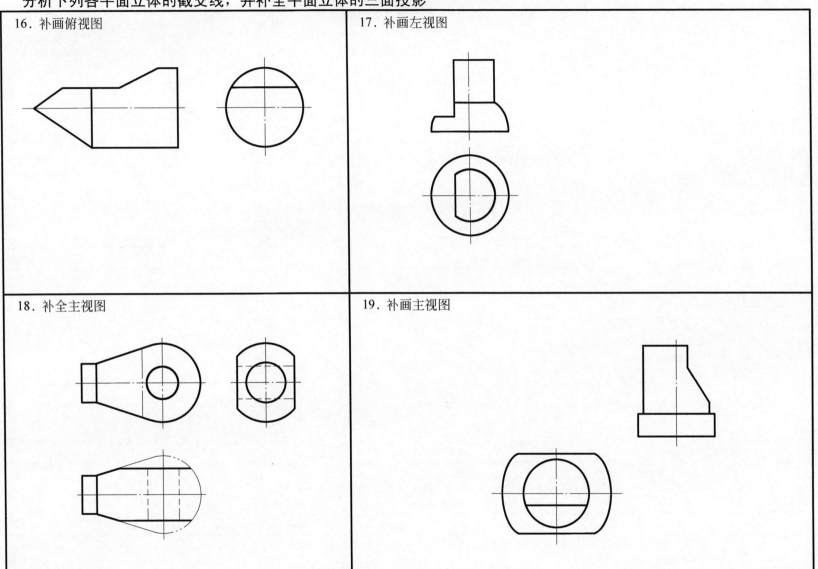

分析下列各曲面立体的贯穿线，并补全各图投影

20. 补全主视图中的缺线

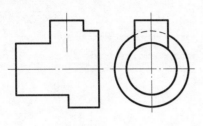

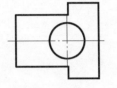

21. 画出俯视图，并补全主视图中的缺线

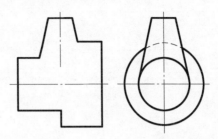

22. 画出俯视图，并补全左视图中的缺线

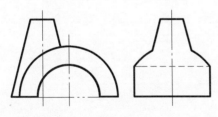

23. 补全主、俯视图中的缺线

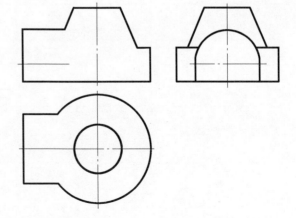

班级_____ 姓名_____

项目四　组合体视图的绘制与识读

【知识目标】
1. 掌握组合体的表面连接关系及其画法；
2. 掌握绘制组合体视图的基本方法；
3. 掌握组合体视图尺寸标注的方法；
4. 掌握识读组合体视图的方法。

【能力目标】
1. 能正确绘制组合体视图；
2. 能正确进行组合体视图的尺寸标注；
3. 能正确识读组合体视图。

一、基本知识

1. 由_____或_____以上的基本体按照一定的方式组合而成的形体称为组合体。
2. 组合体的形状多种多样，千差万别。就其组合形式而言，可分为_____、_____、_____3种类型。
3. 在读、画组合体视图时，通常按照组合体的_____和各组成部分的_____，将其划分为若干个_____形体，并分析各_____形体的形状、组合形式、相对位置及各部分相邻表面之间的连接关系，从而产生对整个组合体的完整概念，这种方法称为形体分析法。
4. 用形体分析法画图时，需先画出各基本形体的_____，并根据各基本形体的相对位置和组合形式画出表面间的连接关系，即"_____"。
5. 在画组合体的视图时，一般按以下步骤进行：(1)_____；(2)_____；(3)_____；(4)_____。
6. 标注组合体尺寸必须做到_____、_____、_____。
7. 标注平面基本体的尺寸，一般要注出它的_____、_____、_____3个方向的尺寸，对于回转体来说，通常只要注出_____尺寸和

班级_____姓名_____

_____尺寸。

8. 点与直线的从属关系有_____和_____两种情况。

9. 切割体的尺寸标注：基本体被切割后得到的切割体在标注尺寸时，除应注出_____尺寸外，还应注出确定截平面_____的尺寸。

10. 相贯体的尺寸标注：与切割体的尺寸注法一样，相贯体除了应注出两相贯体的_____尺寸外，还应注出确定两相贯基本体的相对位置的_____尺寸。

11. 投影中的封闭线框，可能是一个_____面或者是一个_____面的投影，也可能是一个平面和一个曲面构成的光滑_____面。

12. 读图的基本方法：
（1）_____；
（2）_____。

二、技能训练

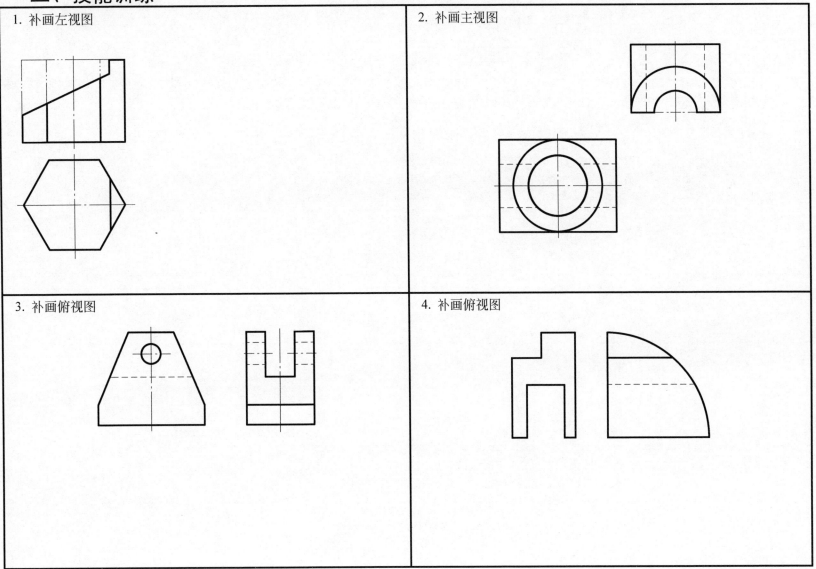

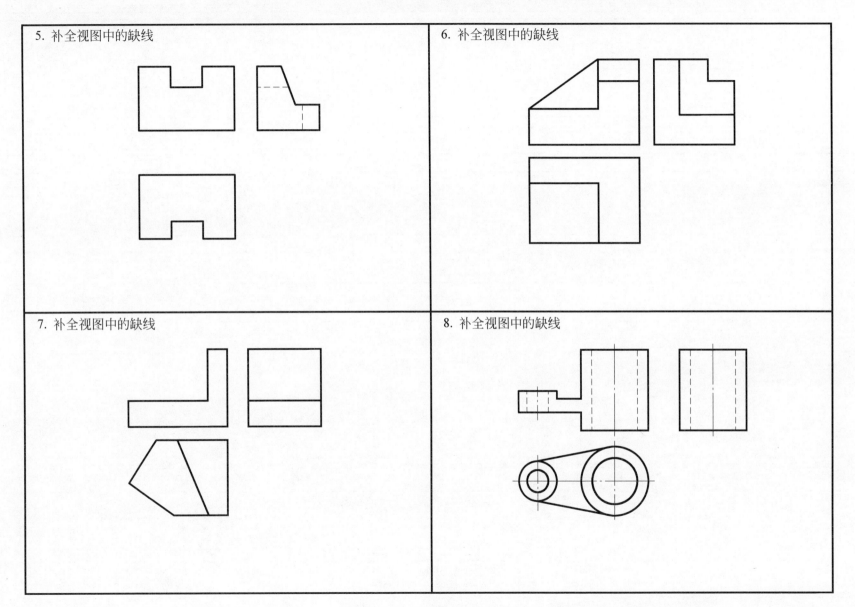

9. 补全视图中的缺线

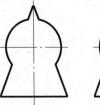

10. 给下图所示组合体标注尺寸

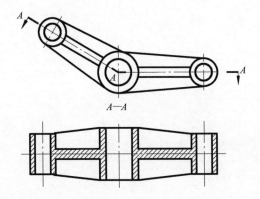

A—A

11. 给下图所示相贯体标注尺寸

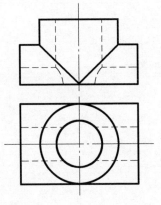

12. 补画俯视图

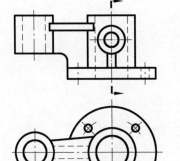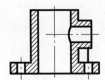

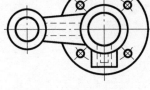

项目五　轴测投影图的绘制

【知识目标】
1. 理解轴测图的形成及有关概念；
2. 掌握绘制正等轴测图的基本方法；
3. 掌握绘制斜二等轴测图的基本方法。

【能力目标】
1. 能正确绘制正等轴测图；
2. 能正确绘制斜二等轴测图；
3. 能正确识读正等轴测图和斜二等轴测图。

一、基本知识

1. 将物体连同其直角_____，沿不平行于任一坐标面的方向，用_____投影法将其投射在单一投影面上所得的具有立体感的图形，称为轴测投影或轴测图。

2. 轴测轴方向线段的长度与该线段的_____长度之比，称为轴向伸缩系数。用_____、_____、_____表示 X、Y、Z 轴的轴向伸缩系数。

3. 正轴测投影
正等轴测投影，轴向伸缩系数_____。
正二等轴测投影，轴向伸缩系数_____。
正三等轴测投影，轴向伸缩系数_____。

4. 斜轴测投影
_____轴测投影，轴向伸缩系数 $p=q=r$。
_____轴测投影，轴向伸缩系数 $p=q\neq r$。

_____轴测投影，轴向伸缩系数 $p \neq q \neq r$。

5. 轴测图的基本性质：
   （1）_____；
   （2）_____；
   （3）_____。

6. 在正轴测投影中，当把空间 3 个坐标轴放置成与轴测投影面成相等倾角时，通过几何计算，可以得到各轴的轴向伸缩系数均为 0.82，即 $p=q=r=$_____，这时得到的投影就为正等轴测投影。正等轴测投影的 3 个轴间角相等，都等于____°，为了作图方便，常将轴向伸缩系数进行简化，取 $p=q=r=1$，称为轴向简化系数。采用简化系数画出的图，叫正等测图。在轴向尺寸上，正等测图较物体原来的真实轴测投影放大_____倍，但不影响物体的形状。

7. 假设将形体装在一个辅助立方体里来画轴测图的方法，称为_____法。具体作图时，可以设定轴测轴与方箱一个角上的 3 条棱线重合，然后沿轴向按所画形体的长、宽、高 3 个外轮廓总尺寸裁取各边的长度，作轴线的平行线，就可画出辅助方箱的正等测图。

8. 坐标法作图时，先定出形体直角坐标轴和_____，画出轴测轴，按照形体上各点的直角坐标，定出各点的轴测投影，然后_____相关投影点，得到轴测图。

9. 斜二测的轴间角：$\angle X_1 O_1 Z_1 =$____°，$\angle X_1 O_1 Y_1 = \angle Y_1 O_1 Z_1 =$____°。轴向伸缩系数为：$p_1 = r_1 =$_____，$q_1 =$_____。在斜二测中，形体的_____面形状能反映实形，因此，如果形体仅在_____面有圆或圆弧，选用斜二测表达直观形象就很方便，这是斜二测的一大优点。

10. 为使组合体的内、外形状表达清楚，通常采用两个平行于坐标面的相交平面剖切组合体的_____。一般不采用切去_____的形式，以免破坏组合体的完整性。

二、技能训练

1. 根据三视图画出正等轴测图（尺寸从图中量取）

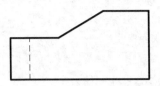

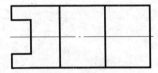

2. 根据三视图画出正等轴测图（尺寸从图中量取）

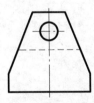
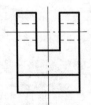
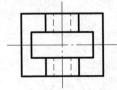

3. 根据三视图画出正等轴测图（尺寸从图中量取）

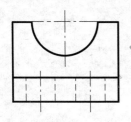

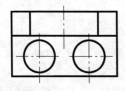

4. 根据三视图画出正等轴测图（尺寸从图中量取）

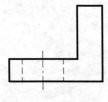

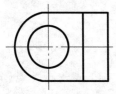

班级_____ 姓名_____

5. 根据轴测图，按1：1比例（尺寸从图中读取）画出组合体的三视图，并标注尺寸

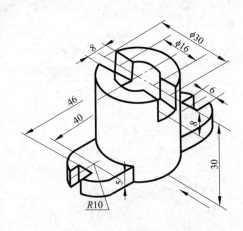

6. 根据下面两个视图，画出物体的左视图及斜二等轴测图（尺寸从图中量取）

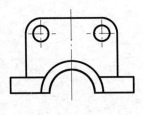

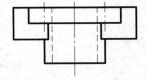

7. 根据下面两个视图，画出物体的斜二等轴测图（尺寸从图中量取）

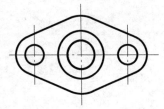

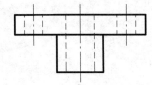

项目六　机件表达方法的应用

【知识目标】
1. 掌握基本视图、向视图、局部视图和斜视图的画法及标注方法；
2. 掌握剖视图的概念、种类，全剖视图、半剖视图、局部剖视图的画法及标注方法；
3. 掌握断面图的概念、种类、画法及标注方法；
4. 掌握局部放大图的概念，局部放大图和图形的简化画法。

【能力目标】
1. 能正确绘制和识读机件的视图、剖视图、断面图、局部放大图及简化画法图；
2. 能针对不同机件选择适当的表达方法。

一、基本知识

1. 视图是物体向_____投射所得的图形，主要用来表达机件的_____结构形状，一般只画物体的可见部分轮廓，必要时才画出其不可见部分轮廓。

2. 将机件放在六面体当中，分别向 6 个基本投影面投射，得到 6 个视图，称为_____，其名称为_____（由前向后投射得到的视图），_____（由上向下投射得到的视图），_____（由左向右投射得到的视图），_____（由右向左投射得到的视图），_____（由下向上投射得到的视图），_____（由后向前投射得到的视图）。

3. 各视图之间的方位对应关系除后视图之外，俯、左、右、仰视图的里边（靠近主视图的一边）均表示机件的_____，各视图的外边（远离主视图的一边）均表示机件的_____。

4. 向视图是基本视图的另一种配置形式。按有关国标规定，表示投射方向的箭头尽可能配置在_____上。在绘制以向视图方式配置的后视图时，应将表示投射方向的箭头配置在_____上，使所绘制的视图与基本视图一致。

5. 将机件的某一部分向_____投射所得的视图称为局部视图。

6. 画局部视图的主要目的是_____的数量，使表达简洁，重点突出。

班级_____姓名_____

7. 局部视图的断裂边界线用_____表示。当所表达的局部结构是完整的，且外轮廓线又为封闭时，可省略不画。
8. 局部视图中波浪线或双折线表示断裂边界，因此不应超出机件的_____。
9. 将机件向不平行于任何基本投影面的投影面进行投影所得到的视图称为_____。
10. 斜视图是为了表示机件上倾斜结构的真实形状，所以画出了倾斜结构的投影之后，就应用_____或_____将图形断开，不再画出其他部分的投影。
11. 剖视图主要用来表达机件的_____形状。
12. 机件上被剖切平面剖到的实体部分叫断面。为了区分机件被剖切到的实体部分和未被剖切到的部分，在断面上要画出_____。金属材料的剖面符号又称剖面线，应画成与水平线成45°的等距细实线，剖面线_____倾斜均可，但同一机件在各个剖视图中的剖面线倾斜方向应_____，间距应_____。
13. 剖切面分为_____、几个平行的剖切面、几个相交的剖切面（交线垂直于某一投影面）、组合的剖切平面。
14. 当机件的内部结构形状用一个剖切平面不能表达完全，且这个机件在整体上又具有回转轴时，可用两个相交的剖切平面剖开，这种剖切方法称为_____。
15. 用几个相交平面剖切机件画剖视图必须加_____，用_____表示剖切面的起讫和转折位置，_____表示投射方向，用_____表示名称，在得到的剖视图上方标注相同字母"×—×"，当视图按投影关系配置，中间无图形隔开时可省略箭头。
16. 当机件上有较多的内部结构形状，而它们的轴线不在同一平面内时，可用几个互相平行的剖切平面剖切，这种剖切方法称为_____。
17. 根据剖开机件范围的大小，剖视图分为_____、_____、_____3种。
18. 全剖视图主要用于_____或外形虽然复杂但已经用其他视图表达清楚的机件。
19. 当机件剖开后，其内部的轮廓线成了可见轮廓线，原来的虚线就应画成_____。
20. 半剖视图主要用于内、外形状都需表达的_____机件。
21. 半剖视图中视图和剖视图的分界是_____，不能画成粗实线或其他类型图线。
22. 半剖视图中表达内形的那一半剖视图的习惯位置是：_____
23. 局部剖视图一般用_____线将未剖开的视图部分与局部剖部分分开。
24. 假想用剖切平面将机件在某处切断，只画出切断面形状的投影并画上规定的剖面符号的图形，称为_____。
25. 断面图与剖视图的区别是：_____。
26. 移出断面的轮廓线用_____绘制，剖面线方向和间隔应与_____保持一致。
27. 画断面图时，为了清楚表达断面实形，剖切面一般应_____于机件的直线轮廓线或通过圆弧轮廓的中心。
28. 为了使图形清晰，避免与视图中的线条混淆，重合断面的轮廓线用_____线画出，而且当断面图的轮廓线和视图的轮廓线重

合时，视图的_____应连续画出，不应间断。

29. 当移出断面不画在剖切位置的延长线上时，如果该移出断面为不对称图形，必须标注_____与带字母的_____，以表示剖切位置与投影方向，并在断面图上方标出相应的名称"×—×"。

30. 当移出断面画在剖切位置的延长线上时，如果该移出断面为对称图形，只需用_____线标明剖切位置，可以不标注剖切符号、箭头和字母。

31. 当机件上一些细小的结构在视图中表达不够清晰，又不便标注尺寸时，可用大于原图形所采用的比例单独画出这些结构，这种图形称为_____。

32. 局部放大图应尽量配置在_____的附近。在画局部放大图时，当同一视图上有几个被放大部位时，要用_____依次标明被放大部位，并在局部放大图的上方标注出相应的_____和_____。

33. 当机件具有若干相同结构（齿、槽等），并按一定规律分布时，只需要画出几个完整的结构，其余用_____线连接，在零件图中则必须注明该结构的_____。

34. 若干直径相同的且成规律分布的孔，可以只画出几个，表示清楚其分布规律，其余只需用_____表示其中心位置，并注明_____。

35. 在不致引起误解时，对于对称机件的视图也可只画出一半或四分之一，此时必须在对称中心线的两端画出_____。

36. 在选择确定一个机件的表达方案时，首先应该认真对机件作形体及结构分析，根据其形体特征和结构特点选好_____，其他视图和表达方法的选用要力求做到"少而精"，即在完整、正确、清晰地表达机件全部结构特点的前提下，选用较少数量的视图和较简明的表达方法，达到绘制的要求。

37. 由3个互相垂直相交的投影面组成的投影体系把空间分成了8个部分，每一部分为一个分角，依次为Ⅰ、Ⅱ、Ⅲ、Ⅳ、…、Ⅶ、Ⅷ分角。将机件放在第一分角进行投影，称为_____。而将机件放在第三分角进行投影，称为_____。

38. 第三角画法与第一角画法的区别在于人（观察者）、物（机件）、图（投影面）的位置关系不同。采用第一角画法时，是把投影面放在观察者与物体之后，从投影方向看，是"_____"的关系。

39. 采用第三角画法时，是把物体放在观察者与投影面之间，从投影方向看是"_____"的关系。

40. 采用第三角画法时，从前面观察物体，在 V 面上得到的视图称为_____，从上面观察物体，在 H 面上得到的视图称为_____；从右面观察物体，在 W 面上得到的视图称为_____。各投影面的展开方法是：V 面不动，H 面向上旋转90°，W 面向右旋转90°，使三投影面处于同一平面内。

二、技能训练

1. 根据主、俯视图，配置C、D、E、F四个方向的视图

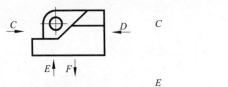

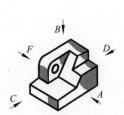

2. 在下面空白处绘制箭头所示方向的向视图并标注

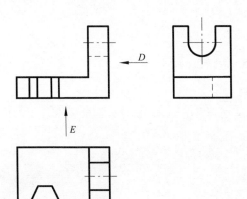

3. 在下面空白处绘制箭头所示方向的向视图并标注

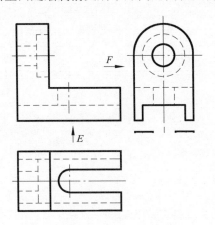

4. 在指定位置作局部视图和斜视图

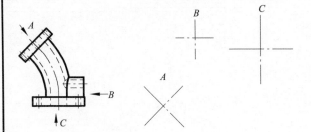

班级_____ 姓名_____

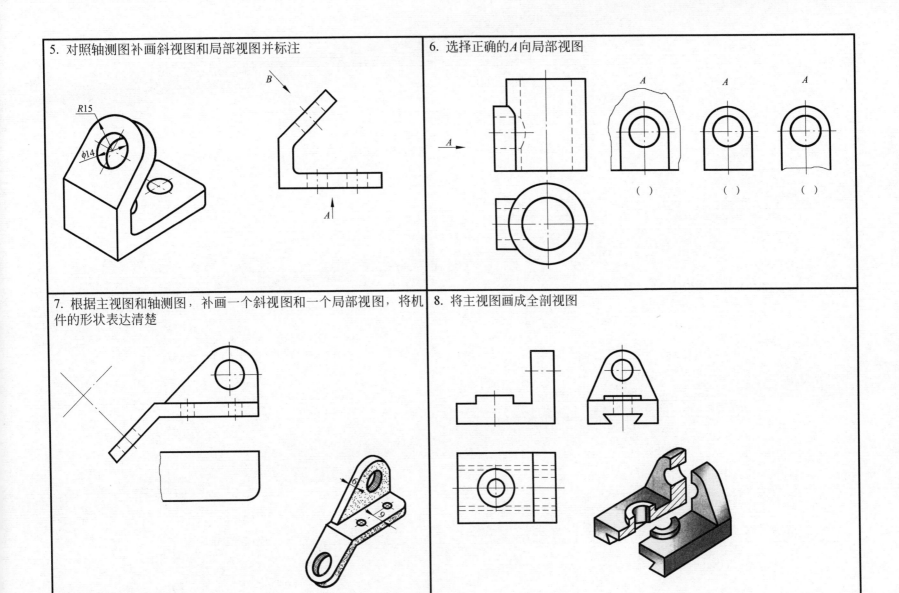

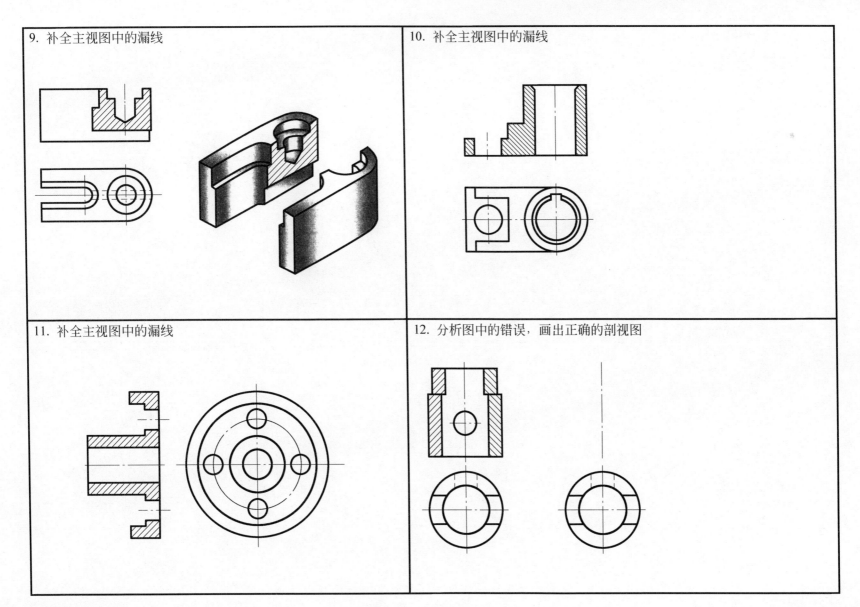

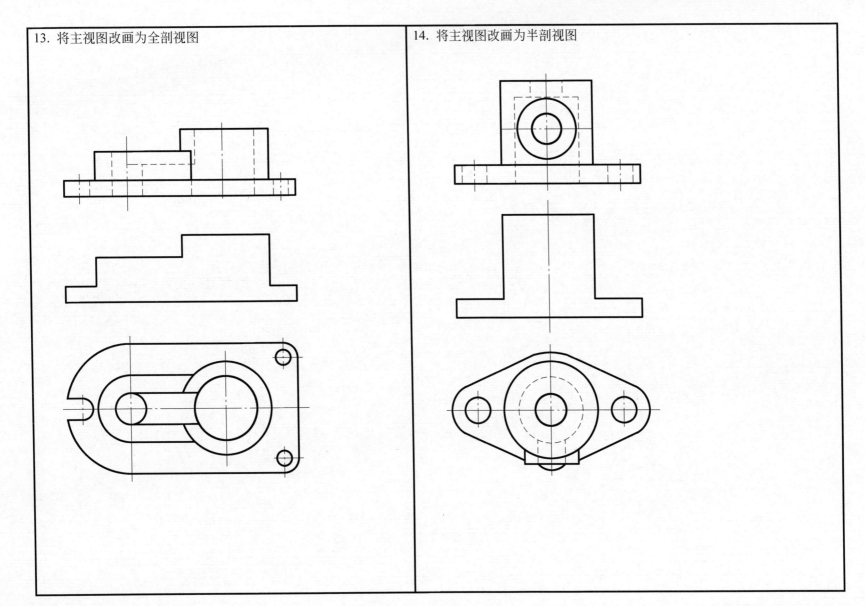

15. 将主视图画成半剖视图，左视图画出全剖视图

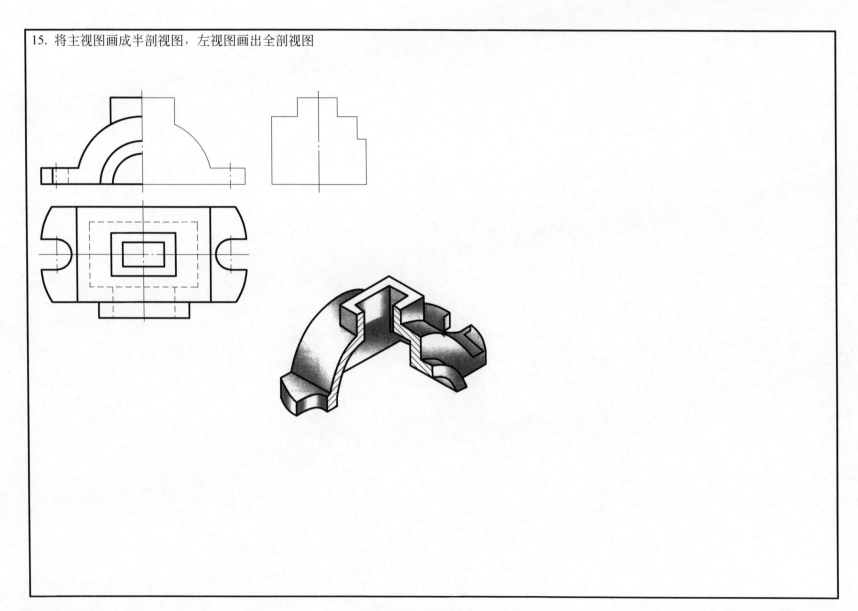

16. 选择正确的主视图画

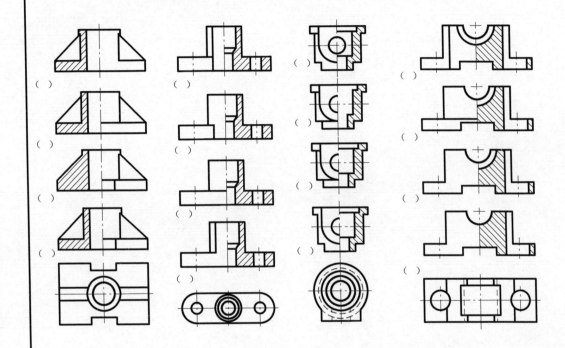

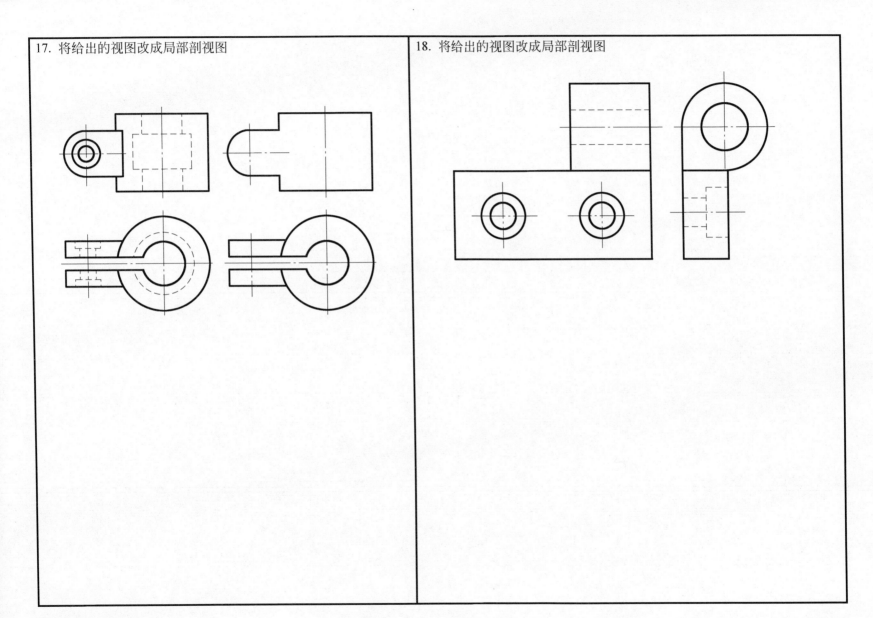

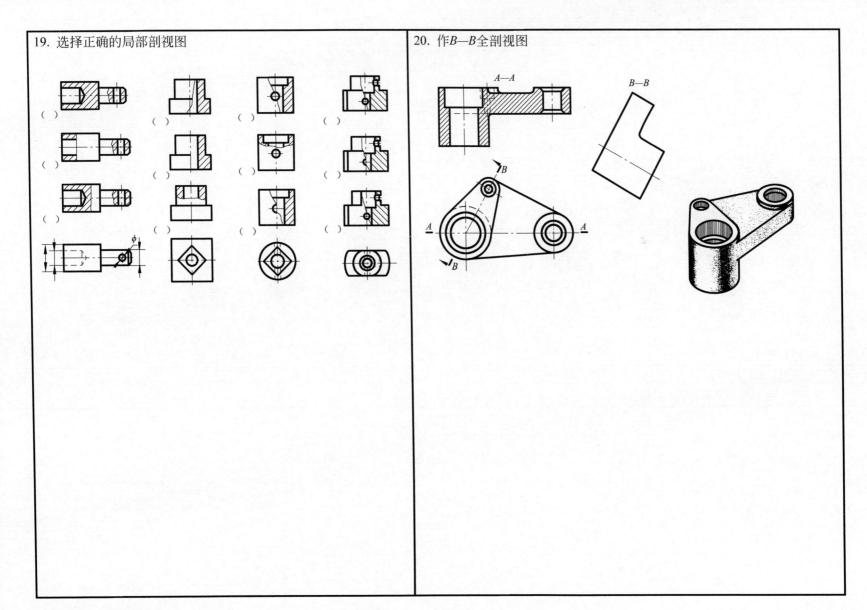

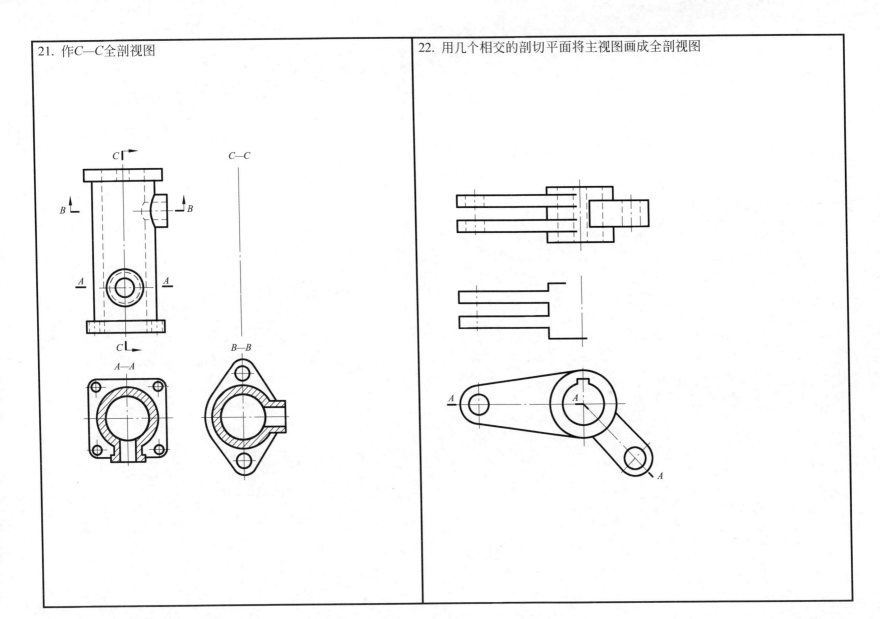

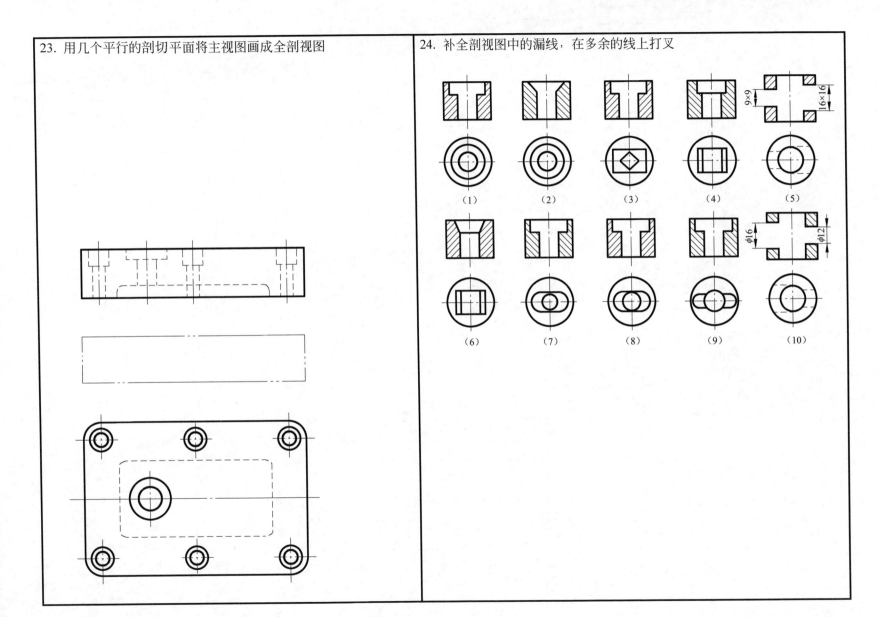

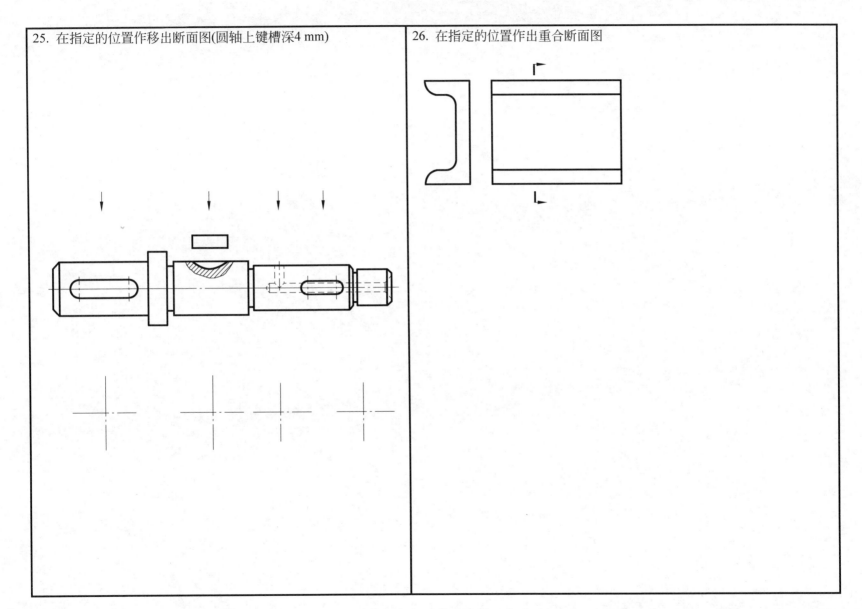

27. 在视图下方的断面图中选出正确的断面图形

28. 找出对应的断面图，进行标注

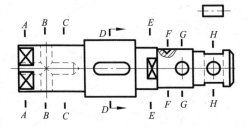
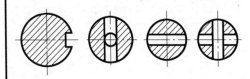
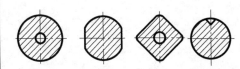

项目七 标准件和常用件的绘制

【知识目标】
1. 掌握螺纹的规定画法和标注方法；
2. 掌握常用螺纹紧固件的规定标记，以及它们的连接画法；
3. 掌握键连接和销连接的画法和键、销的规定标记；
4. 掌握齿轮的基本知识、圆柱齿轮基本参数的计算方法及齿轮的规定画法；
5. 掌握滚动轴承的简化画法和规定标记，以及弹簧的规定画法。

【能力目标】
1. 能正确绘制和识读螺纹及螺纹紧固件、齿轮、键连接及销连接、滚动轴承、弹簧的图形；
2. 能按标准件的规定查阅其有关标准。

一、基本知识

1. 螺纹的基本知识
（1）螺纹的基本要素有_____、_____、_____、_____、_____。
（2）内外螺纹旋合的条件是_____。
（3）大径是与外螺纹_____或内螺纹_____相重合的假想圆柱面的直径，它是螺纹的_____直径。
（4）相邻两牙在中径线上对应点间的_____称为螺距。同一条螺旋线上相邻两牙在_____上对应点间的轴向距离称为导程。

2. 螺纹的规定画法
（1）画外螺纹时，平行于螺纹轴线的视图，螺纹的大径（牙顶圆直径）用_____绘制，小径（牙底圆直径）用_____绘制，并应画入倒角区。通常小径按大径的_____倍绘制，螺纹终止线用_____绘制。
（2）内外螺纹连接时，常采用_____画出，其旋合部分按_____绘制，即大径画成_____，小径画成_____，其余部分按各

自的规定画法绘制。

（3）当需要表示牙型时，可采用_____或_____画出几个牙型的结构形式。

3. 螺纹的种类及标注

（1）连接螺纹是起_____作用的螺纹，常用的有4种标准螺纹：_____螺纹、_____螺纹、_____螺纹和_____螺纹。

（2）普通螺纹的完整标记由_____、_____和_____3部分组成。

（3）对标准螺纹，应注出相应标准所规定的_____，普通螺纹、梯形螺纹和锯齿形螺纹，其标记应直接注在_____尺寸线上或其指引线上。

4. 常用螺纹紧固件及其标注

（1）螺栓的规格尺寸是_____（d）和_____（l），其规定标记为：名称 标准代号 螺纹代号×长度。

（2）螺钉按其作用可分为_____螺钉和_____螺钉。

5. 螺纹紧固件的连接画法

（1）螺栓用来连接两个_____的零件，将螺栓从一端穿入两个零件的_____，另一端加上垫圈，然后旋紧螺母，即完成了螺栓连接。

（2）画螺栓连接时，应注意以下几点：凡不接触的相邻表面，需画_____轮廓线（间隙过小者可夸大画出），两零件接触表面处只画_____轮廓线。在剖视图中，相邻两零件剖面线应加以区别，而同一零件在各视图中的剖面线必须_____。

（3）画螺钉连接时，应注意以下几点：在近似画法中螺纹终止线应_____两零件的接触面，螺钉头部与沉孔间有间隙，画_____轮廓线。

6. 齿轮是机械传动中广泛应用的_____零件，它可以用来传递_____、改变_____和_____。

7. 直齿圆柱齿轮

（1）分度圆是齿顶圆与齿根圆之间的定圆，对于标准齿轮，在此假想圆上的_____与_____相等，其直径用d表示。

（2）为了计算方便，把齿距p除以圆周率π所得的商，称为_____，用符号m表示，单位为mm。

（3）单个齿轮的规定画法中，在表示外形的两个视图中，齿顶圆和齿顶线用_____绘制，分度圆和分度线用_____绘制，齿根圆和齿根线用_____绘制，也可省略不画。

（4）两个相互啮合的圆柱齿轮，在圆视图中，齿顶圆均用_____绘制，啮合区内也可省略；两相切的分度圆用_____绘制；齿根圆用_____绘制，也可省略。

8. 斜齿轮的画法和直齿轮相同，当需要表示螺旋线方向时，可用_____表示。

9. 直齿锥齿轮

（1）由于锥齿轮的轮齿分布在圆锥面上，所以轮齿沿圆锥素线方向的大小不同，模数、齿高、齿厚也随之变化，通常规定以_____为准。

（2）单个锥齿轮的画法中，锥齿轮的_____作剖视，轮齿按不剖绘制。在左视图中，用_____绘制大端和小端的齿顶圆，用_____画出大端的分度圆。大、小端齿根圆及小端分度圆均不画出，其他按投影原理绘制。

10. 常用键的画法及标注

（1）键是用来连接_____及_____（如齿轮、带轮等）的标准件，起传递_____的作用。

（2）为了表示键连接的关系，一般采用_____和_____。当通过轴线作剖视时，被剖切的键_____画出，键的倒角、圆角均可省略不画。

（3）画普通型平键和普通型半圆键连接图时，键的顶面与轮毂之间应有间隙，要画_____；因工作面是键的两个侧面，所以键的侧面与轮毂和轴之间、键的底面与轴之间都接触，只画_____。但钩头楔键连接时4面接触，所以键的顶面与轮毂之间没有间隙，要画_____，键的侧面与轮毂和轴之间、键的底面与轴之间也都接触，只画_____。

11. 矩形花键的画法及标注

（1）外花键的规定画法中，在平行于外花键轴线的投影视图中，大径用_____，小径用_____来绘制，并用剖视图画出一部分齿形或全部齿形。如只画出部分齿形，要标注_____。

（2）内、外花键的连接画法，一般用_____表示，当剖切平面通过轴线时，外花键按_____绘制，其连接部分用_____的画法。

12. 销是标准件，常用的销有_____、_____、_____。_____和_____用于零件之间的连接和定位，_____用于螺纹连接的锁紧装置。

13. 滚动轴承的构造和种类

（1）滚动轴承的种类很多，但结构相似，一般由_____、_____、_____和保持架组成。

（2）滚动轴承的作用是支撑_____。

14. 一般用途的滚动轴承代号由_____、_____和_____构成。

15. 滚动轴承的画法

（1）在装配图中，若不必确切地表示滚动轴承的外形轮廓、载荷特征和结构特征，可采用_____来表示。即在轴的两侧用粗实线矩形线框及位于线框中央正立的十字形符号表示，十字形符号不应与线框接触。

（2）在装配图中，若要较详细地表达滚动轴承的主要结构形状，可采用_____来表示。

班级_____姓名_____

16. 弹簧的画法

（1）弹簧的用途很广，它可以用来减震、夹紧、测力、储能等。其特点是_____。

（2）为了使压缩弹簧工作时受力均匀，不致弯曲，在制造时两端节距要逐渐缩小，并将端面磨平，这部分只起支撑作用，叫_____，两端磨平长度一般为_____。除支撑圈外，其余部分起弹张作用，保证相等的节距，这些圈数称_____。

（3）弹簧被挡住的结构一般不画，可见部分应从弹簧的_____或从弹簧钢丝剖面的_____画起。

二、技能训练

1. 分析螺纹画法中的错误,并在指定的位置作出正确的画法

(1)

(2)

(3)

(4)

（5）

（6）

2. 根据给定的螺纹要素，给出螺纹的标注
（1）普通螺纹，公称直径20 mm，螺距2.5 mm，公差带代号5g6g，中等旋合长度，右旋，螺纹长度25 mm。

（2）普通螺纹，公称直径16 mm，螺距1.5 mm，公差带代号6H。螺纹长度32 mm，钻孔深40 mm。

（3）非螺纹密封的管螺纹，尺寸代号3/4。

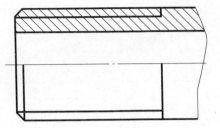

（4）非螺纹密封的管螺纹，尺寸代号1/2，单线，左旋，螺纹长度25 mm。

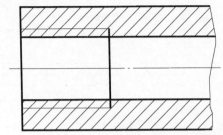

3. 补全直齿圆柱齿轮的主视图和左视图，并标注尺寸（$m = 3$，$z = 28$）

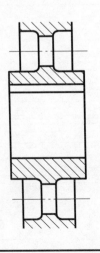
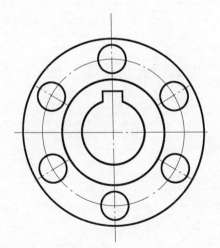

4. 补全螺栓、双头螺柱和螺钉连接中的图线
（1）双头螺柱连接。

（2）螺钉连接。

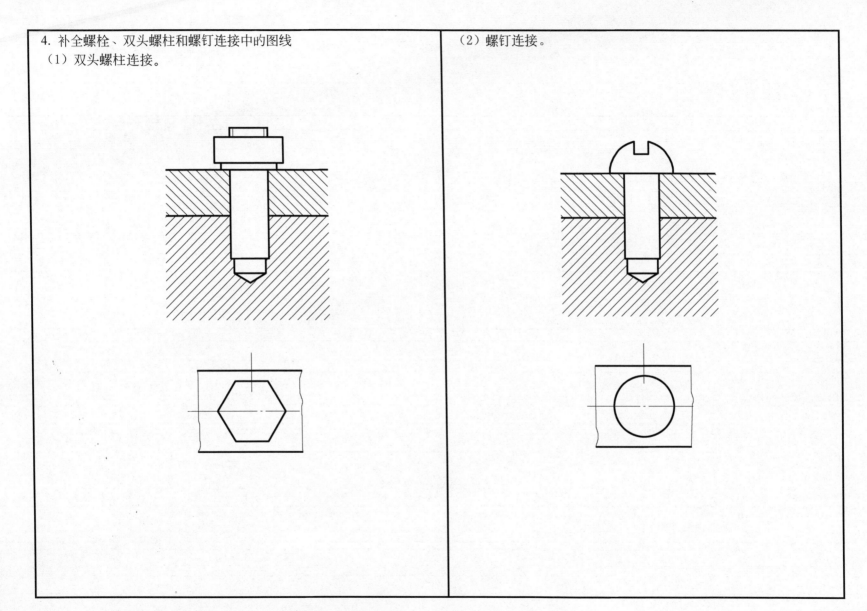

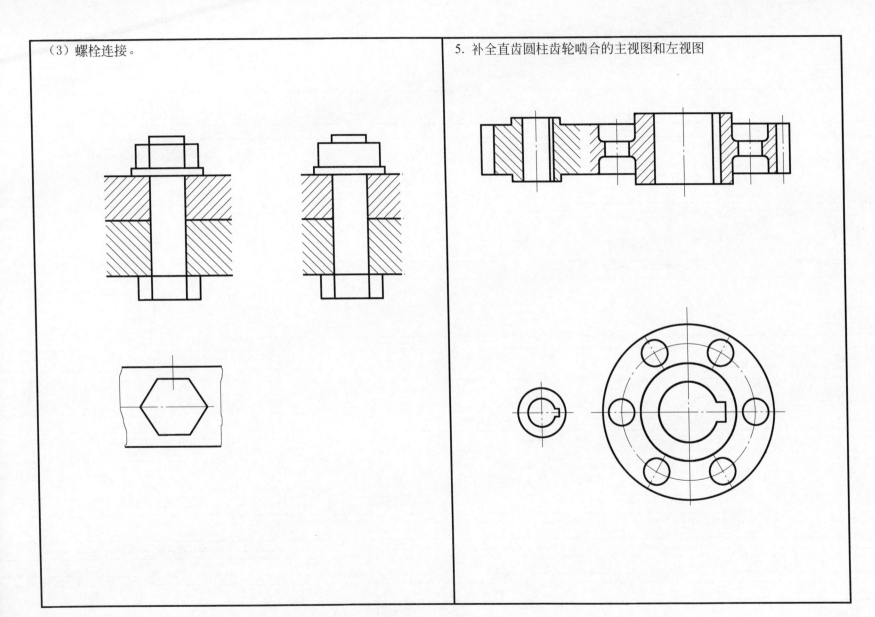

6. 完成一对直齿锥齿轮的啮合图

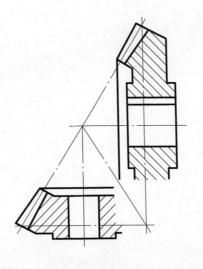
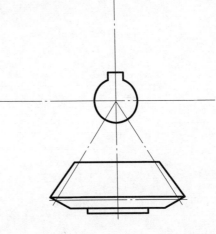

7. 齿轮和轴用直径为12的圆柱销连接，写出圆柱销的规定标记，并画全销连接的剖视图

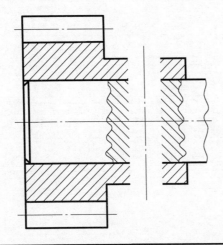

8. 根据已知条件查表，画出键、销的视图，并标注尺寸
（1）GB/T 1096 键 12×8×40

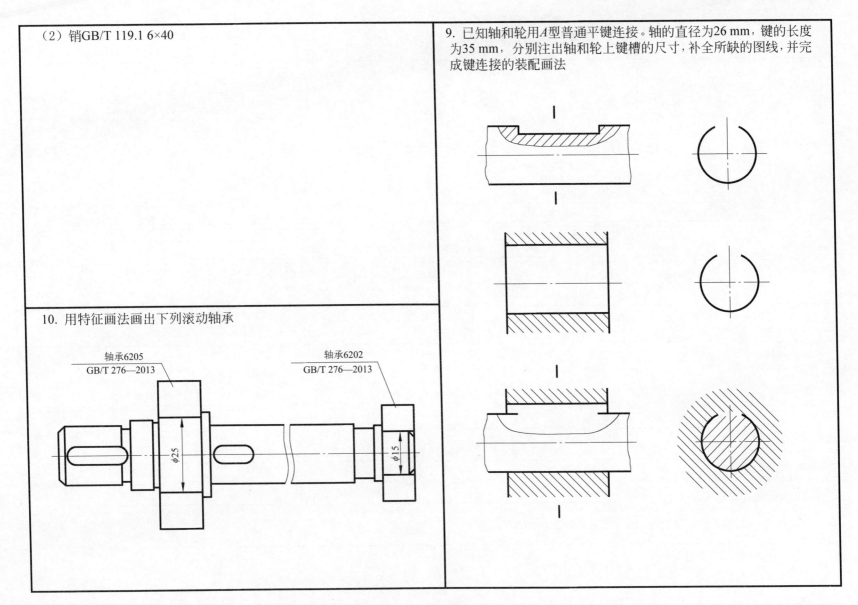

11. 用规定画法在轴端画出深沟球轴承,并写出滚动轴承的规定标记(2∶1)

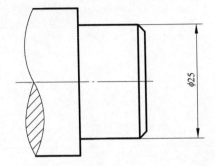

滚动轴承的标记:

12. 已知圆柱螺旋压缩弹簧的线径为5 mm,弹簧中径为40 mm,节距10 mm,弹簧自由长度为76 mm,支撑圈数为2.5,右旋。画出弹簧的全剖视图,并标注尺寸

13. 指出下列弹簧的旋向

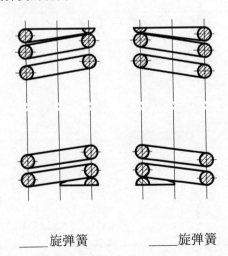

____旋弹簧　　　　　____旋弹簧

项目八 零件图的绘制与识读

【知识目标】
1. 掌握零件图的概念、作用、内容；
2. 掌握典型零件的视图表达方案；
3. 掌握零件图的尺寸标注、极限偏差、形位公差；
4. 掌握零件表面粗糙度的标注方法；
5. 掌握零件图上常见工艺结构的绘制和标注方法；
6. 掌握识读零件图的一般方法和步骤。

【能力目标】
能正确绘制和识读典型零件的零件图。

一、基本知识

1. 零件图的内容包括_____、_____、_____和_____。
2. 主视图通常选择_____最明显，以_____或_____位置作为主视图。
3. 零件根据结构形状可分为_____、_____、_____和_____。
4. 铸件工艺结构
（1）为了便于在型砂中取出模型，一般沿模型起模方向做出一定的_____。
（2）为了避免各部分因冷却速度的不同而产生缩孔或裂缝，铸件壁厚应_____。
（3）浇铸铁水时防止砂型转角处冲坏，在铸件毛坯表面的相交处要铸成_____。
5. 机械加工工艺结构
（1）用钻头钻孔时，为防止孔钻偏或将钻头折断，钻头轴线应该_____于被钻孔的端面。
（2）在切削加工中，如车螺纹和磨削时，为了便于退出刀具或使砂轮可以稍稍越过加工面，通常在零件待加工面的末端先车出螺纹_____或砂轮_____。

6. 标注尺寸除了必须满足正确、完整、清晰的要求外，还应满足_____的要求。
7. 尺寸基准通常可分为_____和_____两类。从_____出发标注尺寸，能保证设计要求；从_____出发标注尺寸，则便于加工和测量。因此，最好使两个基准_____。
8. 标注尺寸时，同一个形体尺寸尽量标注在_____最明显的视图上。先标注_____尺寸，再参考尺寸基准标注_____尺寸。
9. 尺寸配置有_____、_____、_____3种形式。
10. 标注尺寸应注意的问题
（1）主要尺寸应从_____直接标注，避免形成_____。
（2）尺寸标注应尽量符合_____，方便_____。
11. 技术要求一般包括_____、_____、热处理要求等。
12. 表面粗糙度
（1）_____和_____是我国机械图样中最常用的评定粗糙度的高度参数。
（2）零件表面粗糙度要求越高（即表面粗糙度参数越_____），则加工成本越_____。要求密封、耐腐蚀或具有装饰性的表面，参数值要_____。
（3）表面结构的注写和读取方向与尺寸的注写和读取方向_____。
（4）有相同表面结构要求的简化注法，其表面结构要求可统一标注在图样的_____附近。
13. 极限与配合
（1）在大量生产中，一批零件在装配前不经过挑选，在装配过程中不经过修配，在装配后即可满足设计和使用性能要求。零件的这种在尺寸与功能上可以互相代替的性质称为_____。
（2）尺寸公差等于_____。
（3）根据使用要求不同，配合分为_____、_____和_____3类。
（4）国标对配合规定了_____和_____两种基准制。其中_____用大写字母表示。
14. 形位公差代号由_____、_____和_____3部分构成。
15. 阅读零件图的一般步骤有：
（1）_____；
（2）_____；
（3）_____；
（4）_____；
（5）_____。

二、技能训练

1. 零件的工艺结构（补画视图中所缺漏的过渡线）

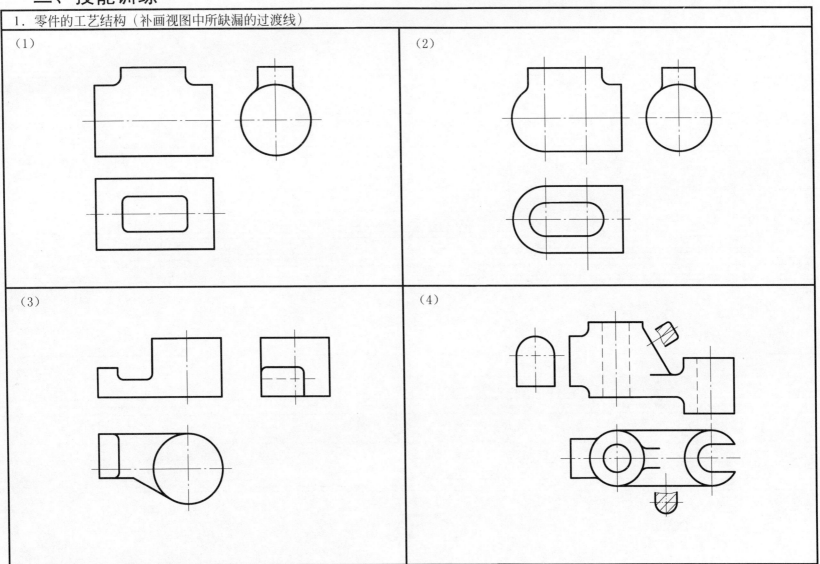

2．将给出的表面粗糙度代号标注在图上

（1）孔 φ30H7 内表面 Ra 的上限值为 1.6 μm；键槽两侧面 Ra 的上限值为 3.2 μm；键槽顶面 Ra 的上限值为 6.3 μm；其余表面 Ra 的上限值为 12.5 μm。

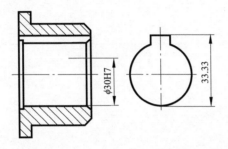

（2）φ15 mm 孔两端面 Ra 的上限值为 12.5 μm；φ15 mm 孔内表面 Ra 的上限值为 3.2 μm；底面 Ra 的上限值为 12.5 μm；其余均为非加工表面。

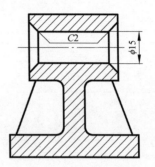

3．根据所给定的表面粗糙度 Ra 值，用代号标注在图形上

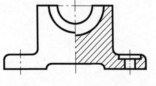

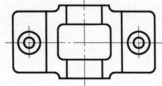

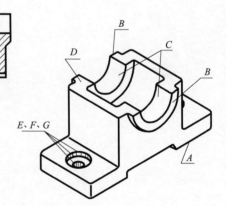

表 面	A、B	C	D	E、F、G
Ra 值/μm	12.5	3.2	6.3	25

班级_____ 姓名_____

73

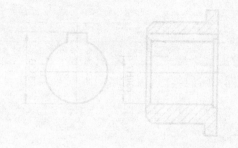

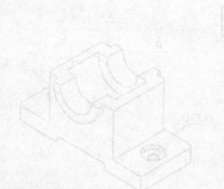

4．根据装配图中所标注的配合代号，说明其配合的基准制、配合种类，并分别在相应的零件图上注写其基本尺寸和公差带代号

（1）

ϕ15H7/g6　基准制：_____
　　　　　　　配合种类：_____

ϕ25H7/p6　基准制：_____
　　　　　　　配合种类：_____

（2）

ϕ10G7/h6　基准制：_____
　　　　　　　配合种类：_____

ϕ10N7/h6　基准制：_____
　　　　　　　配合种类：_____

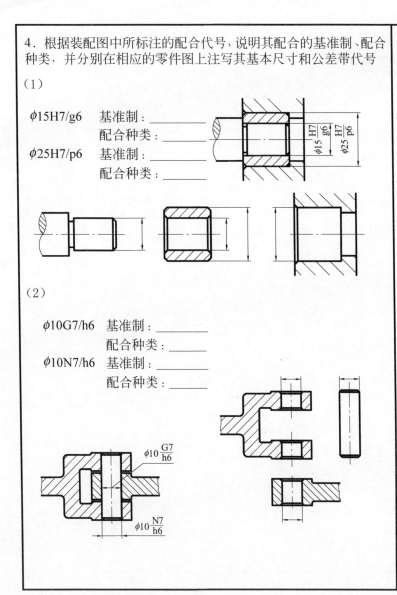

5．已知孔和轴的基本尺寸为20，采用基轴制配合，轴的公差等级为IT7级，孔的基本偏差代号为F，公差等级为IT8

（1）在相应的零件图上注出基本尺寸、公差带代号和偏差数值；
（2）在装配图中注出基本尺寸和配合代号；
（3）画出孔和轴的公差带图。

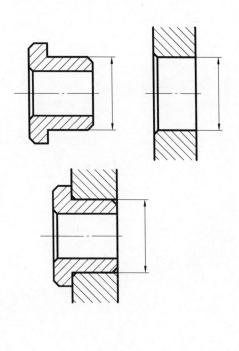

班级_____　姓名_____

74

6. 用文字说明形位公差代号的含义

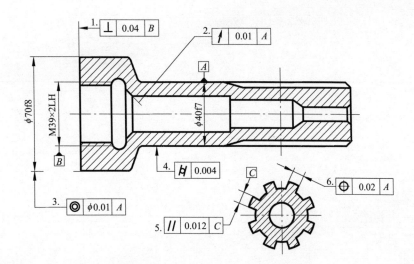

用文字说明：

1.

2.

3.

4.

5.

6.

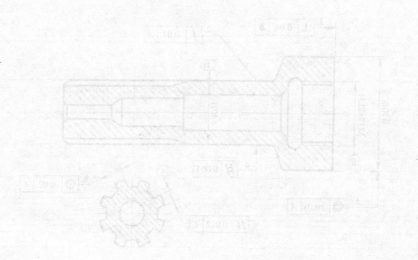

7. 读零件图,回答问题

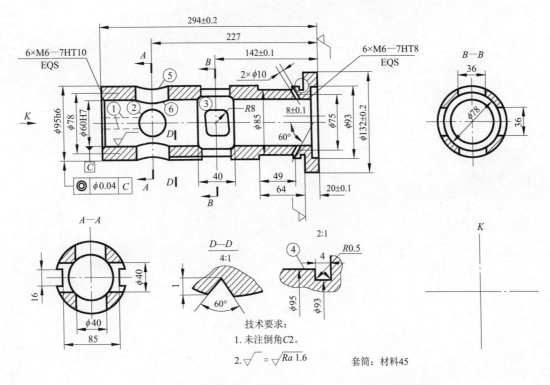

技术要求:
1. 未注倒角C2。
2. $\sqrt{} = \sqrt{Ra 1.6}$

套筒:材料45

(1) 轴向主要尺寸基准是_____,径向主要尺寸基准是_____。
(2) 图中标有①的部位,两条虚线间的距离为____;图中标有②的直径为____;图中标有③的线框,其定形尺寸为____,定位尺寸为____;
    靠右端的2×φ10孔的定位尺寸为_____。
(3) 最左端面的表面粗糙度为_____,最右端面的表面粗糙度为_____;局部放大图中④所指位置的表面粗糙度是_____。
(4) 图中标有⑤的曲线是由_____与_____相交形成的_____。
(5) 外圆面φ132±0.2最大可加工成_____,最小可加工成_____,公差为_____。
(6) 补画K向局部视图。

班级_____ 姓名_____

8. 读零件图，按要求完成下列问题。

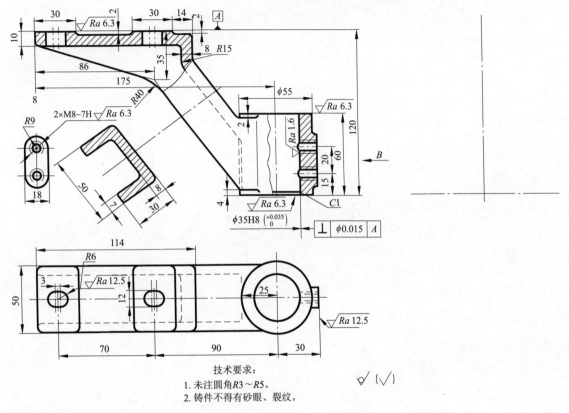

技术要求：
1. 未注圆角R3～R5。
2. 铸件不得有砂眼、裂纹。

(1) 画出A—A断面图并补全B向视图（右视图）。
(2) 在图中指引标出 3 个方向的主要尺寸基准。
(3) 该图中的表面粗糙度共有＿＿级，其中最光滑表面的Ra值为＿＿＿。
(4) 尺寸 $\phi 35H8$ 的标注中，"$\phi 35$"表示＿＿＿尺寸，"8"表示＿＿＿代号。
(5) 该零件选用的＿＿＿比例、＿＿＿材料。
(6) 尺寸70、90属于＿＿＿尺寸，50、114属于＿＿＿尺寸。

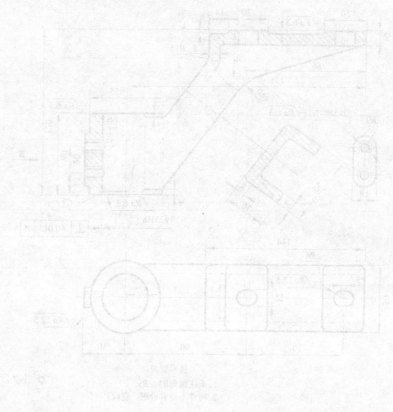

项目九　装配图的绘制与识读

【知识目标】
1. 掌握装配图的作用和内容；
2. 掌握装配图画法的基本规定、特殊规定和简化画法；
3. 掌握装配图的尺寸标注要求和装配图中零部件编号方法及明细栏填写内容；
4. 掌握装配图常见装配工艺结构的要求及画法；
5. 掌握识读装配图的方法和步骤及由装配图拆画零件图的方法和步骤；
6. 掌握部件测绘的方法和步骤及装配图绘制的方法和步骤。

【能力目标】
1. 能正确绘制和识读装配图；
2. 能进行部件测绘和拆画零件图。

1. 读机用虎钳装配图，回答下列问题
(1) 该装配件共 _____ 种零件组成。
(2) 该装配图共有___个视图，它们分别是_____、_____、_____、_____。
(3) 件9与件1是由_____连接的。
(4) 零件5上的两个小孔的作用是_____。

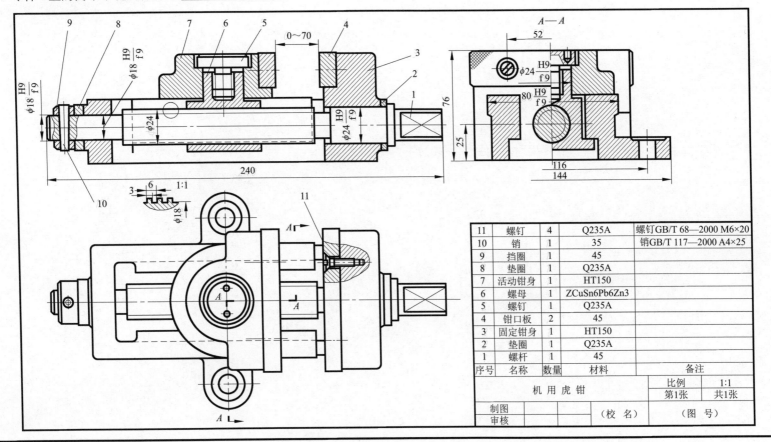

2. 读球阀装配图，回答下列问题
(1) 该球阀装配件共由_____种零件组成。
(2) $\phi 20$ 表示_____尺寸，M36×2 是_____尺寸。
(3) $\phi 14\frac{H11}{d11}$ 表示_____与_____之间的_____尺寸。
(4) 俯视图中双点画线所画位置表示_____。
(5) 球阀工作是由_____、_____、_____、_____实现关、闭。
(6) 扳手的材料是_____。

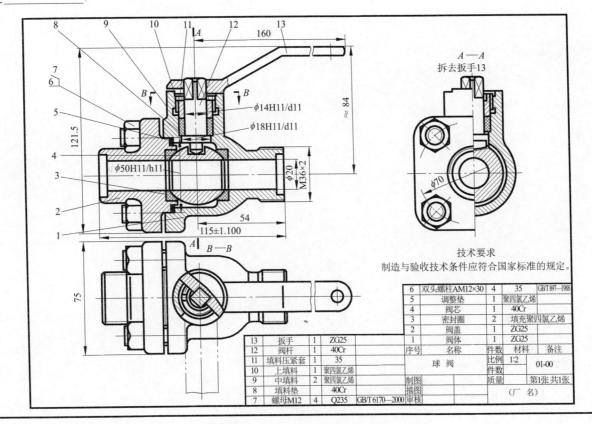

3. 读打印机装配图，回答下列问题
(1) 该装配图共有____个图形，它们分别是_____视图。
(2) 尺寸160～185表示_____。
(3) 零件1与零件4的材料是_____，零件2的材料是_____。
(4) 图中共有____处标有配合尺寸，80 mm尺寸属于_____尺寸，152 mm尺寸属于_____尺寸。

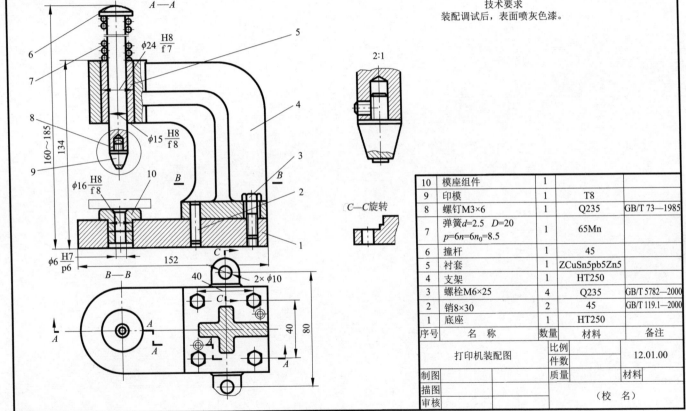

4. 极限与配合

（1）根据基本尺寸和公差带代号，查极限偏差表，填写表中内容。

基本尺寸及公差带代号	极限偏差	最大极限尺寸	最小极限尺寸	公差
$\phi 50H7$	$\phi 50$			
$\phi 50f7$	$\phi 50$			
$\phi 30k6$	$\phi 30$			
$\phi 30s6$	$\phi 30$			
$\phi 50h6$	$\phi 50$			
$\phi 50G7$	$\phi 50$			
$\phi 30N7$	$\phi 30$			
$\phi 30U7$	$\phi 30$			

（2）根据零件图上的标注，查极限偏差表，并在装配图中注出基本尺寸和配合代号。

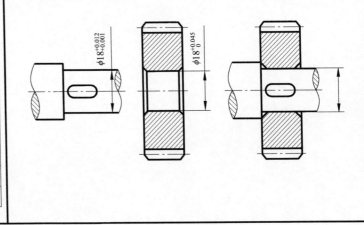

（3）根据装配图中所注的基本尺寸和配合代号，说明其意义，并分别在相应的零件图上注出其基本尺寸和公差带代号。

$\phi 15\dfrac{H7}{g6}$

$\phi 25\dfrac{H7}{p6}$

5. 极限与配合

（1）指出尺寸公差标注的错误，并在下图中作正确标注。

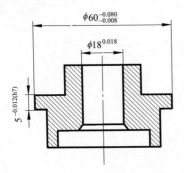

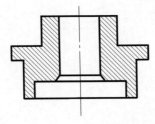

（2）在零件图上分别标注轴和孔的基本尺寸、公差带代号及偏差数值，并回答下列问题。

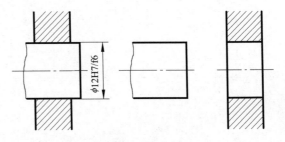

① 基本尺寸_____，基_____制_____配合。

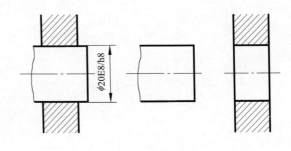

② 基本尺寸_____，基_____制_____配合。

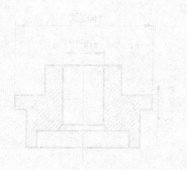

6. 极限与配合

解释图中配合代号的含义，查出偏差值并标注在右侧的零件图上。

（1）配合尺寸 $\phi32\frac{H7}{k6}$ 是_____制，孔的基本偏差代号为_____，公差等级为_____级，轴的基本偏差代号为_____，公差等级为_____级，它们是_____配合。

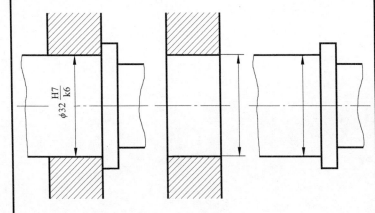

（2）齿轮和轴的配合尺寸 $\phi14\frac{K7}{h6}$ 是_____制，齿轮轴的基本偏差代号为_____，公差等级为_____级；孔的基本偏差代号为_____，公差等级为_____级，它们是_____配合。

（3）圆柱销和销孔的配合尺寸 $\phi5\frac{H7}{h6}$ 是_____制，孔的基本偏差代号为_____，公差等级为_____级；销的基本偏差代号为_____，公差等级为_____级，它们是_____配合。

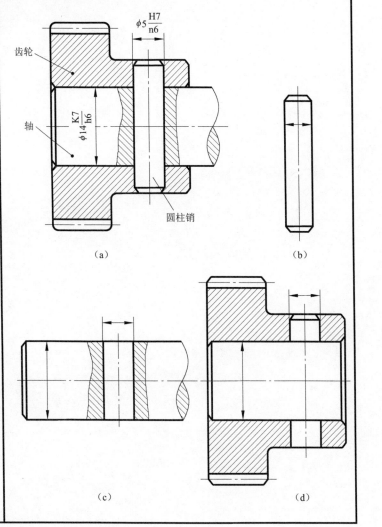

(a)　　(b)　　(c)　　(d)

班级_____ 姓名_____

7. 由零件图画装配图

（一）目的
学习装配图绘制方法和步骤，掌握画装配图的能力。

（二）要求
（1）掌握装配图的视图方案的选择。
（2）掌握装配图的画法与尺寸标注。
（3）进一步培养读零件图的能力，掌握常用件和标准件表示法及查表方法。

（三）内容
（1）绘制旋塞的装配草图。
（2）绘制铣刀头的装配图。

（四）步骤
（1）根据装配示意图的序号（对照立体图）了解各零件的作用和位置，区分一般零件和标准件，对装配件的功能进行粗略分析。
（2）读懂所给定零件图，搞清楚零件相对位置、配合关系和连接方法及其作用。搞清楚传动路线及工作原理。
（3）根据装配图的结构特点，选择主视图（一段表示主装线）及其他视图。
（4）拟定画装配图作图顺序，一般从主视图开始，从主装线入手，由里向外逐个画出各零件的投影（也可酌情由外向里绘制）。
（5）标注5类尺寸。
（6）编制序号和明细栏及填写技术要求。

内容（1）绘制旋塞的装配草图。
根据旋塞轴测图和零件图，按1∶1画出装配草图。
下图为旋塞轴测图。它与管道相接，是流体开关设备。其特点是开关迅速。图中所示为"开启"位置，锥形塞的圆孔 $\phi 15$ 对准阀体上面管螺纹孔，这时流体畅通。当锥形塞旋转 90°以后，即为关闭位置。为防止泄漏，在锥形塞与阀体之间放入填料（石棉绳），通过两个螺栓和压盖把填料压紧，填料压紧后高度约为 12 mm。
根据装配示意图（装配轴测图）及零件图绘制装配图。

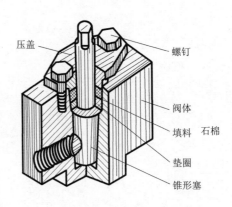

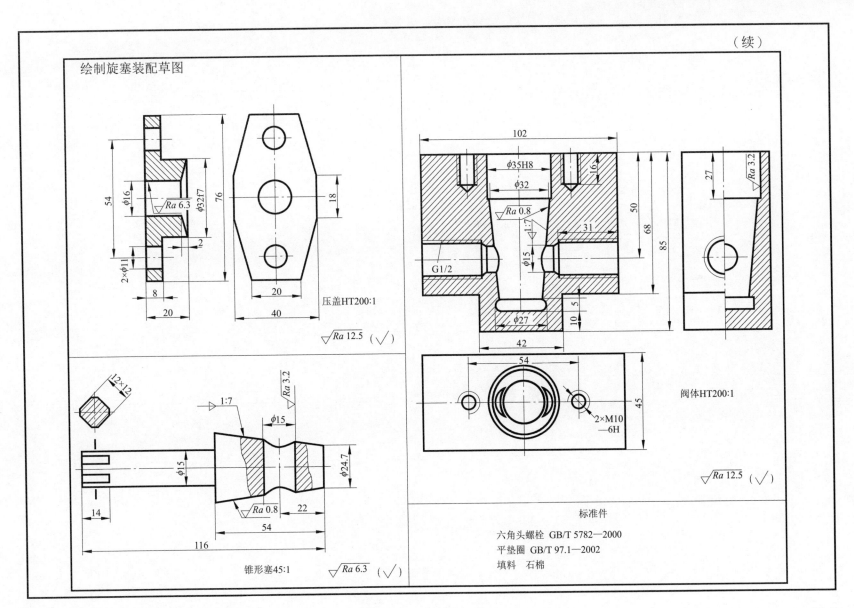

8. 由零件图画装配图

作业要求：
(1) 根据装配示意图和零件图，绘制装配图。
(2) 绘制装配图时，图样比例自定。
(3) 千斤顶工作原理：千斤顶是顶起重物的部件，使用时只需逆时针方向转动手柄，螺杆就向上移动，并将重物顶起。

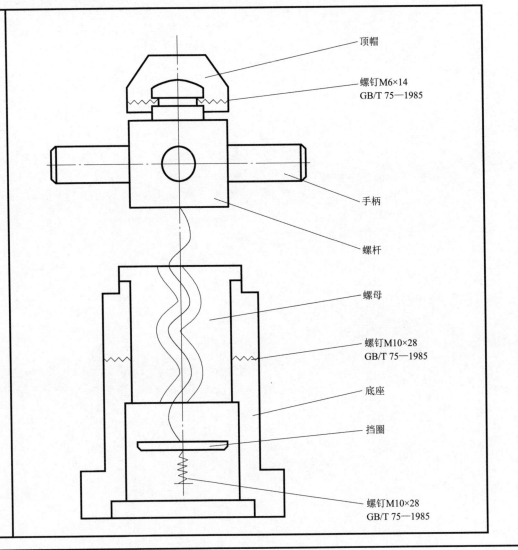

班级_____ 姓名_____

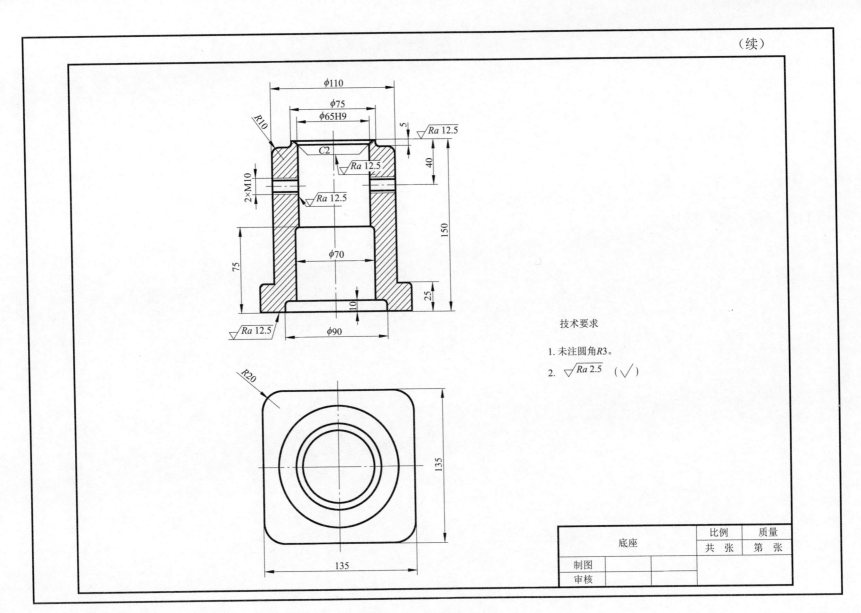

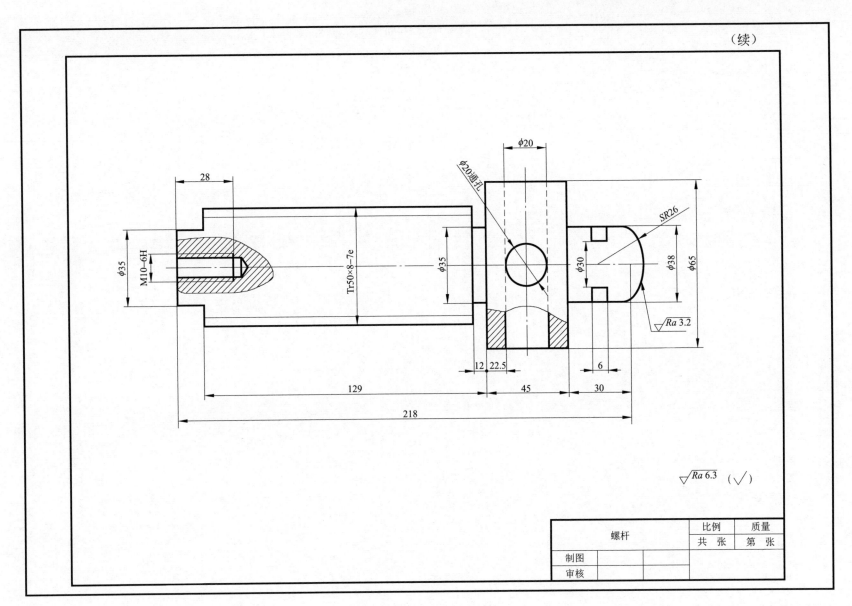

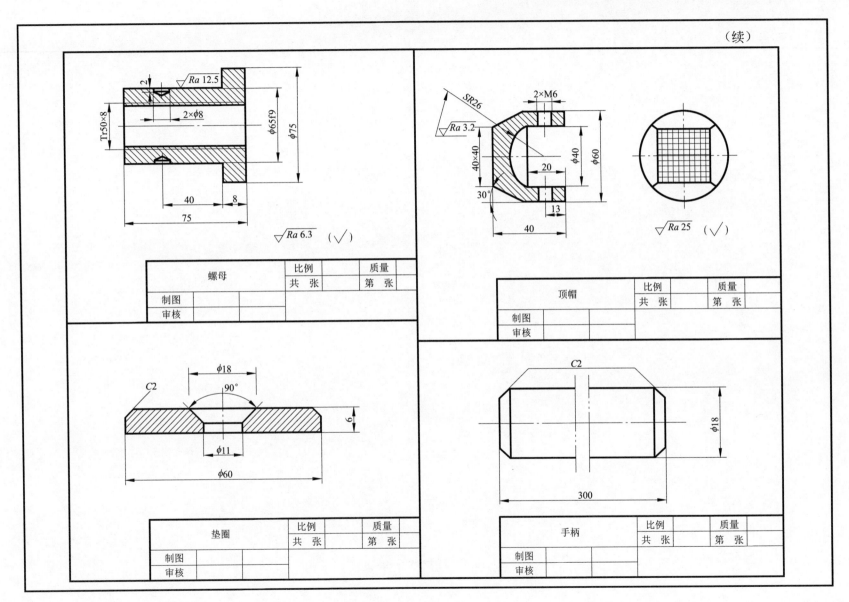

9. 由装配图拆画零件图

（一）功用

在液压或润滑系统中，运转后不断迫使液体流动，在系统中产生一定的流量和压力。

（二）工作原理

利用一对齿轮的啮合旋转，将液体从进油口吸入，沿相邻两齿与泵体内壁形成的空腔压向出油口，输送到系统中的预定部位。

（三）读图思考题

（1）分析该部件的表达方案，其左视图中采用了什么画法？

（2）该部件的工作原理是如何实现的？在工作状态下，左视图中传动齿轮轴的旋转方向应该如何？若旋转方向相反行不行？

（3）左端盖1、泵体3、右端盖4之间如何定位、连接？

（4）说明该部件拆卸和组装过程。

（5）说明装配图中所注尺寸的类别。

（四）建议拆画零件

1—左端盖
2—泵体
3—右端盖

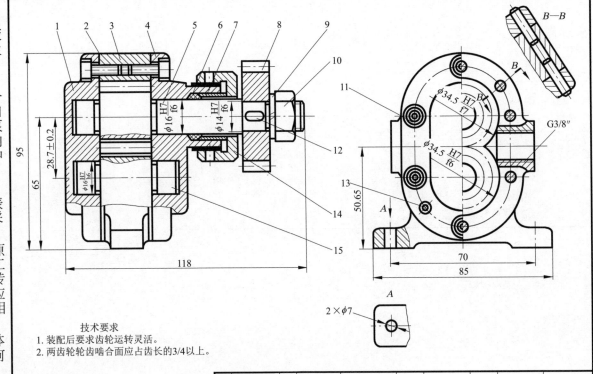

技术要求
1. 装配后要求齿轮运转灵活。
2. 两齿轮轮齿啮合面应占齿长的3/4以上。

9	弹簧垫圈	1	65Mn	GB/T 859—1987	2	垫片	2	工业用纸
15	齿轮轴	1	45	$m=3, z=9$	8	传动齿轮	1	15	$m=2.5, z=9$	1	左端盖	1	HT200
14	压紧螺母	1	35		7	轴套	1	QSn4-3		序号	零件名称	件数	材料	备注
13	圆柱销5M6×18	4	45		6	密封圈	1	橡胶		齿轮泵		比例1:1	图号B—18
12	键4×4×10	1	45		5	传动齿轮轴	1	45	$m=3, z=9$			共16张	第1张
11	螺钉M6×16	12	35		4	右端盖	1	HT200		审核		（单位名）	
10	螺母M12×15	1	35		3	泵体	1	HT200		制图			

班级_____ 姓名_____

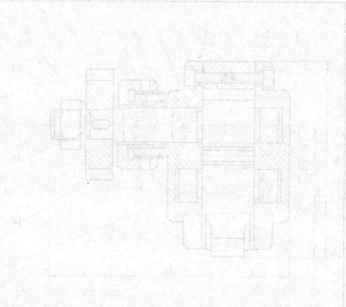

10. 由装配图拆画零件图
（1）简述虎钳工作原理。
（2）简述虎钳拆卸顺序。
（3）拆画固定钳身的零件图。

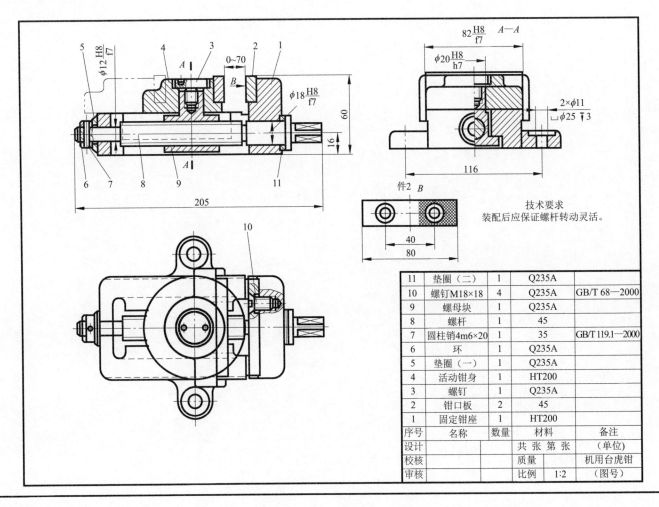

11. 装配工艺结构

指出并改正局部装配图中的错误（缺漏的图线补画，不要的图线画"×"）

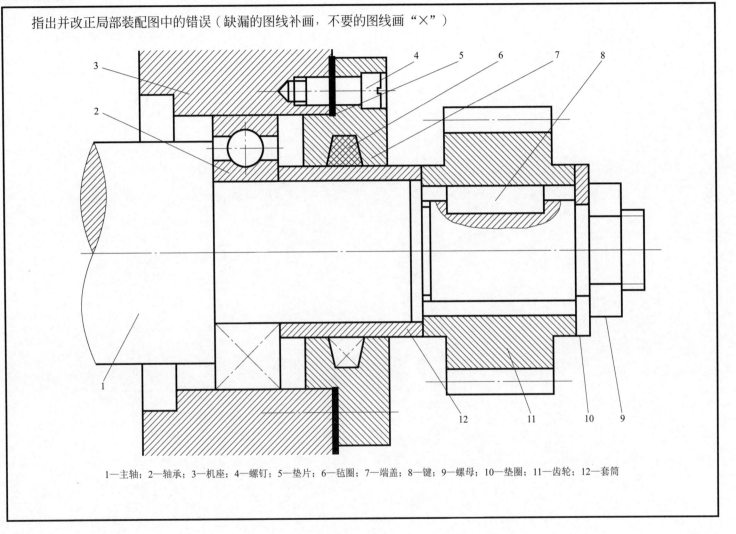

1—主轴；2—轴承；3—机座；4—螺钉；5—垫片；6—毡圈；7—端盖；8—键；9—螺母；10—垫圈；11—齿轮；12—套筒

12. 装配工艺结构

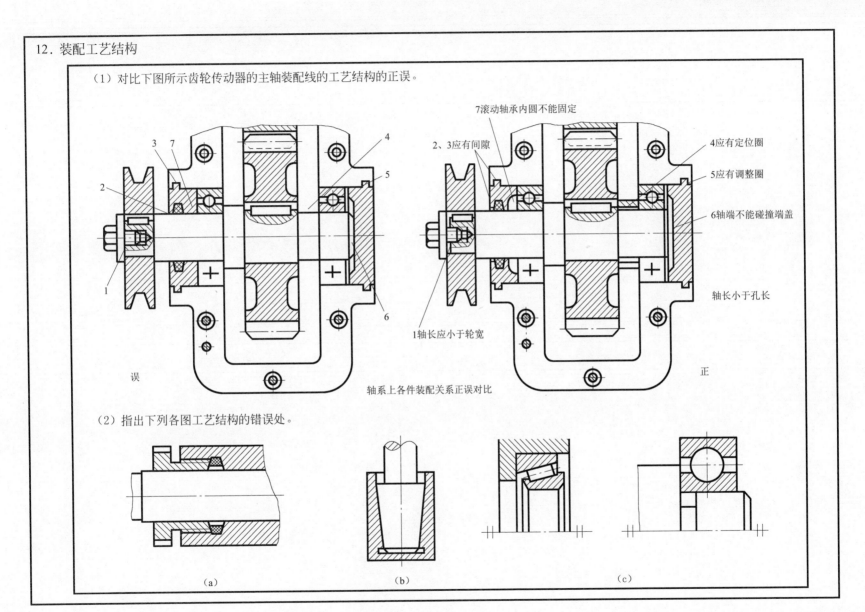

13. 指出各工艺结构的错误

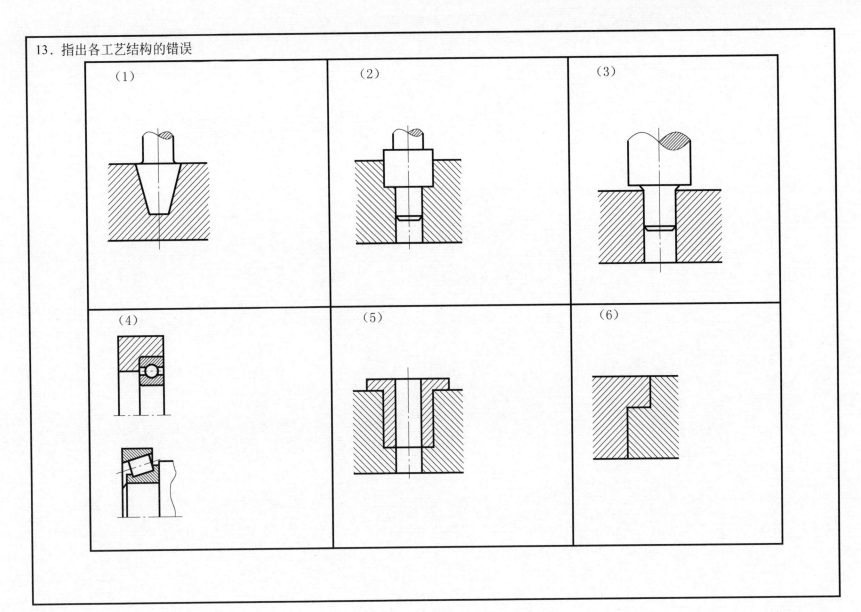

14. 齿轮减速器装配体的测绘
（1）齿轮减速器测绘装配示意图。

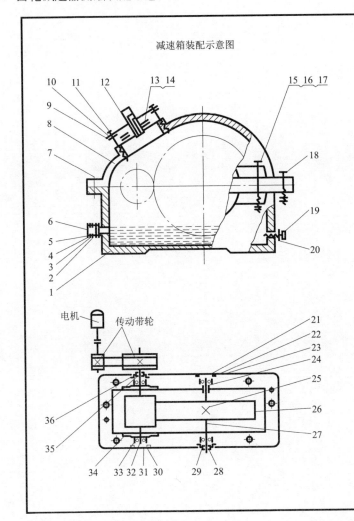

减速箱装配示意图

说 明

左图所示为一单级直齿圆柱齿轮减速箱，输入轴为32，它由电动机通过传动带传动，带动输出轴27。电动机的转速经传动带减速后，再由减速箱内的一对齿轮减速，最后达到要求的转速。

轴32和27分别由一对6204和6206滚动轴承支撑，轴承安装时的轴向间隙由调整环22和31调整。

减速箱用润滑油飞溅润滑，箱内油面高度通过油面指示器4进行观察。

通气塞12是为了随时放出箱内油的挥发气体的水蒸气等气体。螺塞19用于清理换油。

技术要求
1. 装配时各零件需用煤油洗净并涂上甘油。
2. 装好后箱内注入工业用45号润滑油，油面使大齿轮2~3个齿浸入油中，电动机1 000 r/min正反转1 h检查浸油、过热、噪声等缺陷，并进行调整或消除。
3. 箱盖与箱座的定位销孔，在装配调整好之后配作，然后装入定位销。箱盖、箱座连接螺栓允许由上向下装。

（2）齿轮减速器测绘零件图。

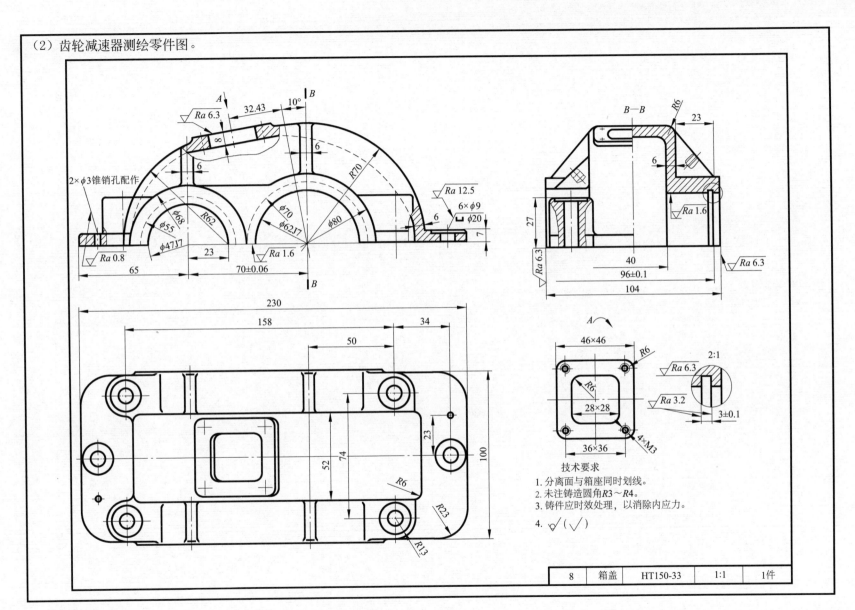

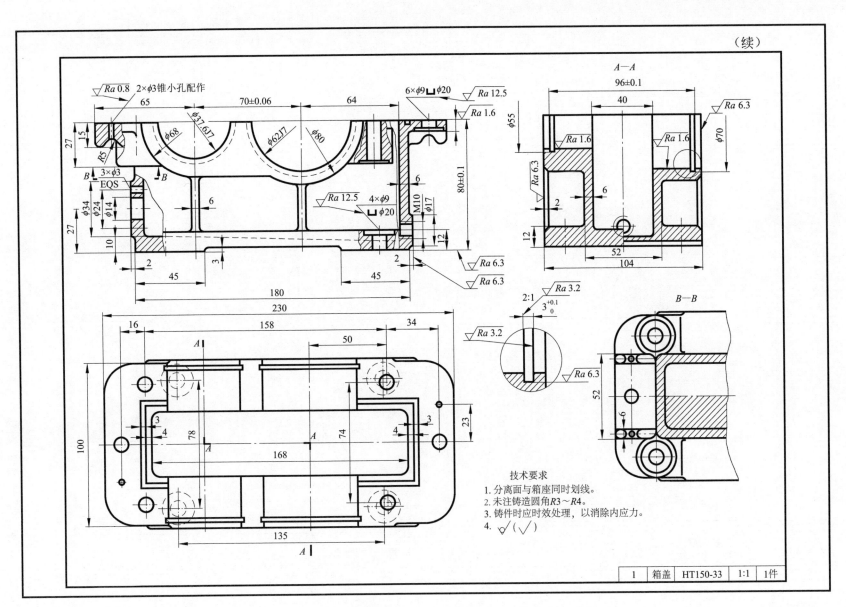

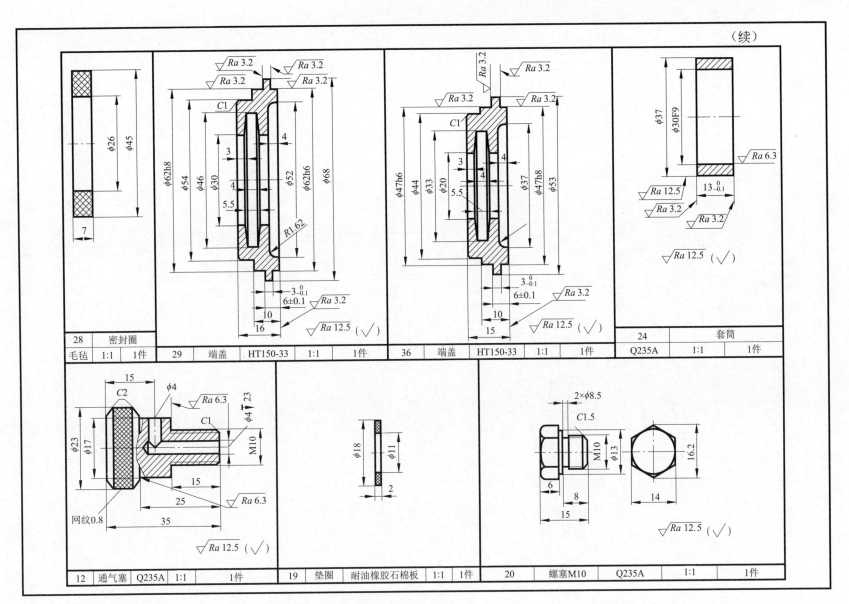

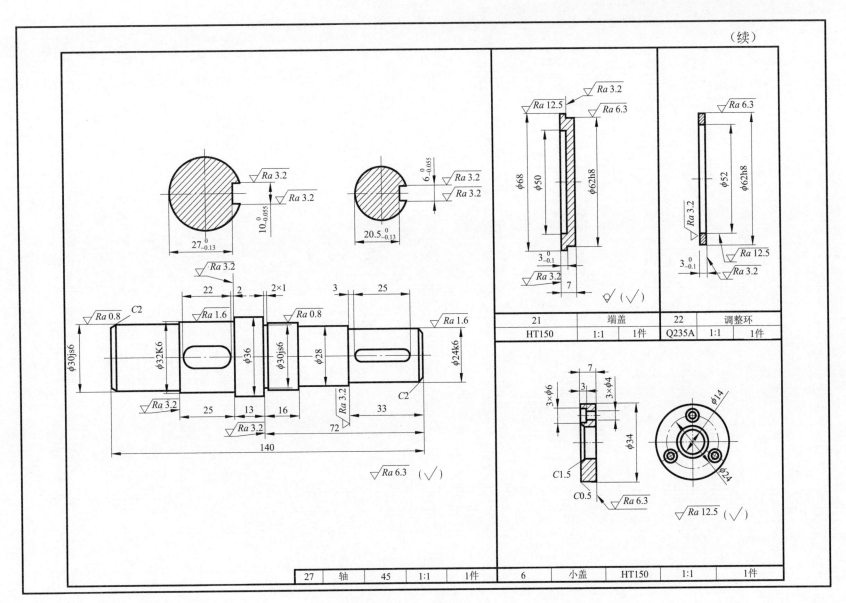

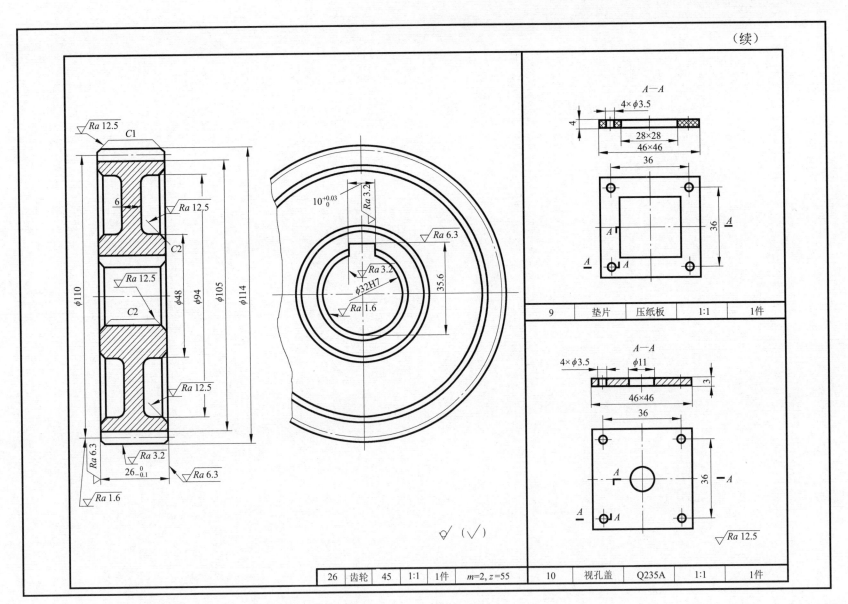

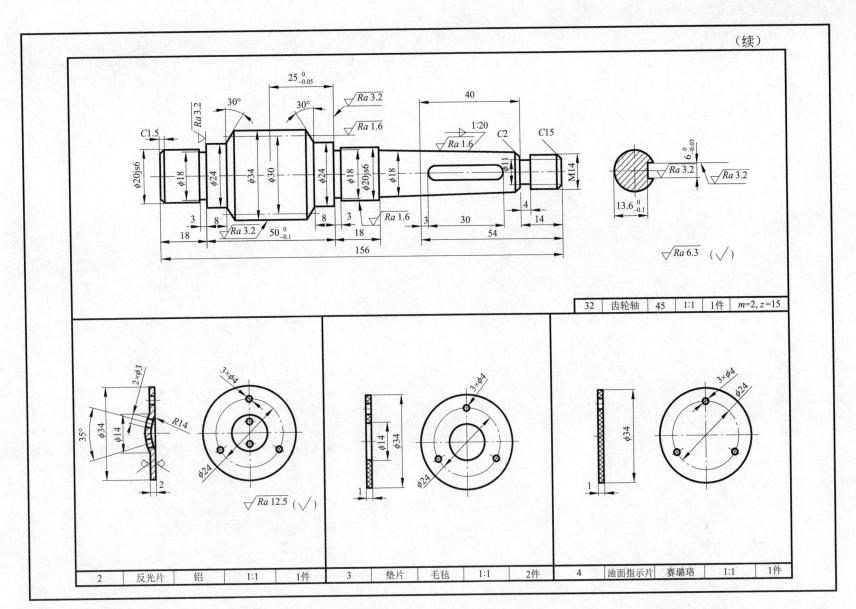

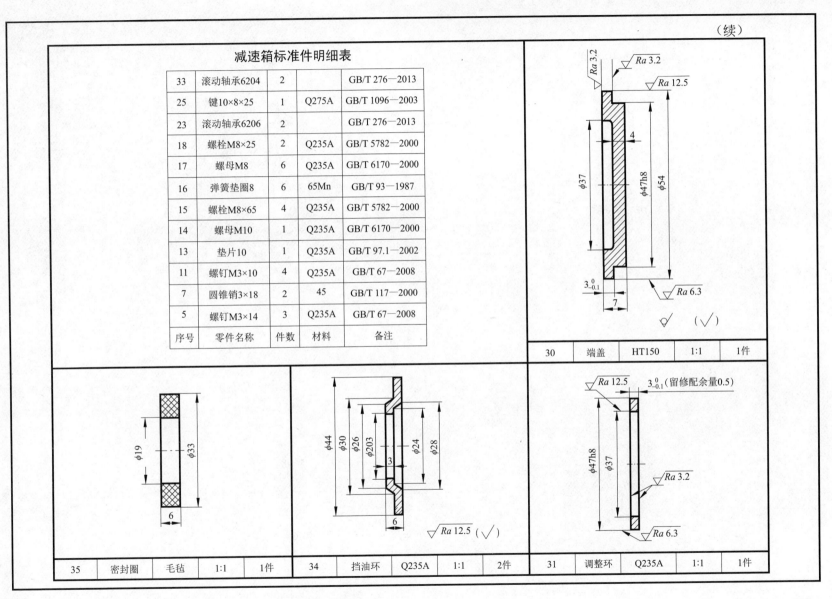